3
1964

Faserforschung und Textiltechnik

WISSENSCHAFTLICH-TECHNISCHE ZEITSCHRIFT
FÜR DIE CHEMIEFASER- UND TEXTILINDUSTRIE

BEGRUNDET VON
ERICH CORRENS UND WALTER FRENZEL

HERAUSGEGEBEN VON ERICH CORRENS –
WOLFGANG BOBETH – HANS BÖHRINGER – HERMANN KLARE

AUS DEM INHALT

AKADEMIE-VERLAG BERLIN

Faserforsch. u. Textiltechn. · 15. Jahrg. · Heft 3 · Seiten 93–136 · Berlin im März 1964

Faserforschung und Textiltechnik

3
1964

WISSENSCHAFTLICH-TECHNISCHE ZEITSCHRIFT
FÜR DIE CHEMIEFASER- UND TEXTILINDUSTRIE

BEGRÜNDET VON
ERICH CORRENS UND WALTER FRENZEL

HERAUSGEGEBEN VON E. CORRENS –
W. BOBETH – H. BÖHRINGER – H. KLARE

SCHRIFTLEITER J. BRÄMER

INHALT

Die Zeitschrift „Faserforschung und Textiltechnik" erscheint monatlich in Heften zu 48 Textseiten im Format A 4. Der Preis für das Einzelheft beträgt DM 9,–, für den Vierteljahrbezug DM 27,– zuzügl. Bestellgeld. Die Berechnung erfolgt zu Beginn eines Vierteljahrs für 3 Hefte. Bestellungen aus dem Gebiet der Deutschen Demokratischen Republik an ein Postamt, eine Buchhandlung oder den Verlag, aus der Deutschen Bundesrepublik an eine Buchhandlung oder die Auslieferungsstelle Kunst und Wissen, Erich Bieber, Stuttgart S, Wilhelmstraße 4–6, aus dem Ausland an eine Importbuchhandlung, den Deutschen Buch-Export und -Import, GmbH., Leipzig C 1, Postschließfach 276, oder den Akademie-Verlag GmbH., Berlin W 8, Leipziger Str. 3–4 (Fernruf: 220441; Telex-Nr. 011773; Postscheckkonto 35021) erbeten. Bestellnummer dieses Heftes: 1014/15/3. Alleinige Anzeigenannahme DEWAG-WERBUNG, Berlin C 2, Rosenthaler Str. 28/31, und alle DEWAG-Betriebe in den Bezirksstädten der DDR.

Bestellungen in der UdSSR nehmen entgegen: Städtische Abteilungen von „SOJUZPECHATJ" bzw. Postämter und Postkontore.

Herausgeber und verantwortlich für den Inhalt: Prof. Dr. Erich Correns, Institut für Faserstoff-Forschung der Deutschen Akademie der Wissenschaften zu Berlin, Teltow-Seehof, Fernruf: Teltow 4431; Prof. Dr.-Ing. habil. Wolfgang Bobeth, Institut für Technologie der Fasern der Deutschen Akademie der Wissenschaften zu Berlin, Dresden A 1, Hohe Str. 6, Fernruf: Dresden 40837; Prof. Dr.-Ing. Hans Böhringer, Institut für Textiltechnologie der Chemiefasern Rudolstadt, Fernruf: Rudolstadt 2031; Prof. Dr. Hermann Klare, Institut für Faserstoff-Forschung der Deutschen Akademie der Wissenschaften zu Berlin, Teltow-Seehof, Fernruf: Teltow 4431. Schriftleiter: Joachim Brämer, Teltow-Seehof, Kantstr. 55. Verlag: Akademie-Verlag GmbH., Berlin W 8, Leipziger Str. 3–4. Satz und Druck: Druckhaus „Maxim Gorki", Altenburg. – Veröffentlicht unter der Lizenznummer 1280 des Presseamtes beim Vorsitzenden des Ministerrates der Deutschen Demokratischen Republik.

Manuskriptsendungen von chemischen Beiträgen sind an die Herren Prof. Dr. Correns oder Prof. Dr. Klare, von technologischen Beiträgen an die Herren Prof. Dr. Bobeth oder Prof. Dr. Böhringer zu richten. Für Inhalt und Form gelten die „Richtlinien für die Annahme und Abfassung von Beiträgen", erhältlich von der Schriftleitung. Die Verfasser größerer wissenschaftlicher Arbeiten erhalten außer dem Honorar ein Heft und 50 Sonderdrucke ihrer Arbeit unentgeltlich.

Faserforschung und Textiltechnik

WISSENSCHAFTLICH-TECHNISCHE ZEITSCHRIFT FÜR DIE CHEMIEFASER- UND TEXTILINDUSTRIE

Band 15 | März 1964 | Heft 3

Das Redoxsystem Peroxydisulfat-Hydrogensulfit-Metallionen als Initiator der Acrylnitrilpolymerisation

Teil III: Die Kinetik des Redoxsystems Peroxydisulfat-Hydrogensulfit-Eisen(II)-Ionen [1])

Peter Fritzsche und Joachim Ulbricht

Deutsche Akademie der Wissenschaften zu Berlin, Institut für Faserstoff-Forschung in Teltow-Seehof

DK 678.745.32:542.952.6:542.941:542.943
546.226—39:546.223.3:546.722—128

Das Redoxsystem Peroxydisulfat-Hydrogensulfit-Eisen(II)-Ionen und die Polymerisation des Acrylnitrils mit diesem Redoxsystem wurden in verdünnter wäßriger Lösung bei 25 °C kinetisch untersucht. Die Ergebnisse stimmen mit einem früher aufgestellten Schema überein, in dem die beiden radikalbildenden Reaktionen

$$S_2O_8^{--} + Fe^{2+} \rightarrow Fe^{3+} + SO_4^{-}\cdot + SO_4^{--}$$
$$SO_3^{--} + Fe^{3+} \rightarrow Fe^{2+} + SO_3^{-}\cdot$$

durch die Eisenionen gekoppelt sind. Das Schema erklärt insbesondere die Abhängigkeit der Polymerisationsgeschwindigkeit von der Hydrogensulfit- und der Wasserstoffionenkonzentration.

Окислительно-восстановительная система персульфат — бисульфит — ионы металлов как инициатор процесса полимеризации акрилонитрила
Часть 3-ья: Кинетика окислительно-восстановительной системы персульфат — бисульфит — ионы двухвалентного железа

Проведены кинетические исследования окислительно-восстановительной системы персульфат — бисульфит — ионы двухвалентного железа и процесса полимеризации акрилонитрила в разбавленном водном растворе при 25°C в присутствии этой системы. Полученные данные соответствуют ранее выведенной схеме, согласно которой обе приводящие к образованию радикалов реакции

$$S_2O_8^{--} + Fe^{2+} \rightarrow Fe^{3+} + SO_4^{-}\cdot + SO_4^{--}$$
$$SO_3^{--} + Fe^{3-} \rightarrow Fe^{2+} + SO_3^{-}\cdot$$

связаны между собой участием ионов железа. Эта схема объясняет, в частности, зависимость скорости полимеризации от концентрации бисульфитных и водородных ионов.

The Redox System Peroxydisulphate-Hydrogensulphite-Metallic Ions as Polymerisation Initiator for Acrylonitrile
Part III. Kinetics of the Redox System Peroxydisulphate-Hydrogensulphite-Ferrous Ions

The kinetics of the redox system peroxydisulphate-hydrogensulphite-ferrous ions and the polymerisation of acrylonitrile by means of that system have been investigated in diluted aqueous solution at 25 °C. The results obtained agree with an earlier proposed scheme connecting the two radical producing reactions

$$S_2O_8^{--} + Fe^{2+} \rightarrow Fe^{3+} + SO_4^{-}\cdot + SO_4^{--}$$
$$SO_3^{--} + Fe^{3+} \rightarrow Fe^{2+} + SO_3^{-}\cdot$$

by way of the ferric and ferrous ions. The scheme explains especially the dependence of polymerisation rate on the concentrations of hydrogensulphite and hydrogen ions.

1 *Einleitung*

In einer früheren Arbeit [1] wurde für das Redoxsystem Peroxydisulfat—Hydrogensulfit—Eisen(II)-Ionen ein Reaktionsschema aufgestellt:

$$S_2O_8^{--} + Fe^{++} \rightarrow Fe^{3+} + SO_4^{-}\cdot + SO_4^{--} \quad (1)$$
$$SO_4^{-}\cdot + Fe^{++} \rightarrow Fe^{3+} + SO_4^{--} \quad (1a)$$
$$SO_3^{--} + Fe^{3+} \rightarrow Fe^{++} + SO_3^{-}\cdot \quad (2)$$
$$SO_3^{-}\cdot + Fe^{3+} + H_2O \rightarrow Fe^{++} + SO_4^{--} + 2H^+ \quad (2a)$$
$$2SO_3^{-}\cdot \rightarrow S_2O_6^{--} \quad (2b)$$

Sind die Reaktionen (1) und (2) die geschwindigkeitsbestimmenden Reaktionen und werden die Folgereaktionen vorerst vernachlässigt, so ergibt sich unter Berücksichtigung des Dissoziationsgleichgewichtes der schwefligen Säure für pH < 5 folgender kinetischer Ausdruck für das Schema:

$$v = \frac{k_1 k_2 K_I K_{II} [S_2O_8^{--}] [BS] [Fe]}{k_1 [S_2O_8^{--}] ([H^+]^2 + K_I [H^+]) + k_2 K_I K_{II} [BS]}. \quad (A)$$

Dabei bedeuten k_1 und k_2 die Geschwindigkeitskonstanten der Reaktionen (1) und (2), K_I und K_{II} die Dissoziationskonstanten der schwefligen Säure, $[BS] = [H_2SO_3] + [HSO_3^-]$ die aus der Einwaage berechnete Konzentration an Hydrogensulfit und $[Fe] = [Fe^{++}] + [Fe^{3+}]$ die aus der Einwaage berechnete Eisensalzkonzentration. Die Gleichung degeneriert zu:

$$v = k_1 [S_2O_8^{--}] [Fe], \quad (A_1)$$

wenn $[BS] \gg [S_2O_8^{--}]$, $[H^+]$ und zu:

$$v = \frac{k_2 K_I K_{II} [BS] [Fe]}{[H^+]^2 + [H^+] K_I}, \quad (A_2)$$

wenn $[BS] \ll [S_2O_8^{--}]$, $[H^+]$.

Für die Geschwindigkeitskonstanten wurden folgende Werte bestimmt:

$$k_1 = 59 \quad l\,mol^{-1}\,s^{-1},$$
$$k_2 = 9 \cdot 10^5\,l\,mol^{-1}\,s^{-1}.$$

Hier sollen diese Gleichungen experimentell geprüft werden. Dabei wird besonders berücksichtigt, daß es sich um

[1]) Teil der Dissertation von *P. Fritzsche*, Leipzig 1963.

Ionenreaktionen handelt, die in stark verdünnter Lösung der *Debye-Hückel-Brönsted*schen Theorie gehorchen. Die gemessenen Reaktionsgeschwindigkeiten und Geschwindigkeitskonstanten wurden deshalb mit Hilfe dieser Theorie auf vergleichbare Bedingungen, den unendlich verdünnten Zustand, umgerechnet. Das Produkt $z_A \cdot z_B$ der *Debye-Hückel-Brönsted*-Gleichung wurde früher für die Reaktionen des Redoxsystems Peroxydisulfat—Hydrogensulfit—Eisen(II)-Ionen zu $z_A \cdot z_B = -6$ bestimmt [2]. Dort ist auch die Arbeitsmethodik beschrieben.

2 Ergebnisse

2.1 Das Redoxsystem

Der Einfluß der Peroxydisulfat-, Hydrogensulfit- und Eisen(II)-Ionenkonzentrationen auf die Reaktionsgeschwindigkeit bei 25 °C wurde mit Hilfe von Leitfähigkeitsmessungen bestimmt. Da sich die Widerstandskapazität der Meßzelle um etwa 3% erhöhte, wenn die Elektrolytkonzentration um das 10fache zunahm, wurden keine Versuchsreihen durchgeführt, in denen sich die Konzentrationen um mehr als eine Zehnerpotenz änderten.

2.1.1 Einfluß der Peroxydisulfatkonzentration

Es wurden zwei Versuchsreihen mit verschiedenen Hydrogensulfitkonzentrationen durchgeführt. In Bild 1 sind die reziproken Werte der gemessenen Widerstände gegen die Zeit aufgetragen. Die Auswertung kann nicht in der in Teil I [2] beschriebenen Art erfolgen, da der Endwert des gemessenen Widerstandes R_∞ auf Grund des langsamen Reaktionsverlaufes nicht zur Verfügung steht.

Bezeichnet man die zur Zeit t vorhandene Peroxydisulfatkonzentration mit x [mol/cm³], die spezifische Leitfähigkeit zur Zeit t mit $\varkappa$ und die nach vollständigem Umsatz mit $\varkappa_\infty$, so ist [3]:

$$x = \frac{\varkappa_\infty - \varkappa}{\Delta l} = \frac{C}{\Delta l R_\infty} - \frac{C}{\Delta l R},$$

wobei Δl die Differenz der Ionenäquivalentleitfähigkeiten der reagierenden Stoffe bei unendlicher Verdünnung ist. Die Reaktionsgeschwindigkeit wird dann:

$$-\frac{dx}{dt} = \frac{C}{\Delta l} \cdot \frac{d\,{}^1/R}{dt},$$

Sie ist proportional der Änderung des reziproken Widerstandes mit der Zeit. Die Auswertung der Versuche des Bildes 1 kann also vorgenommen werden,

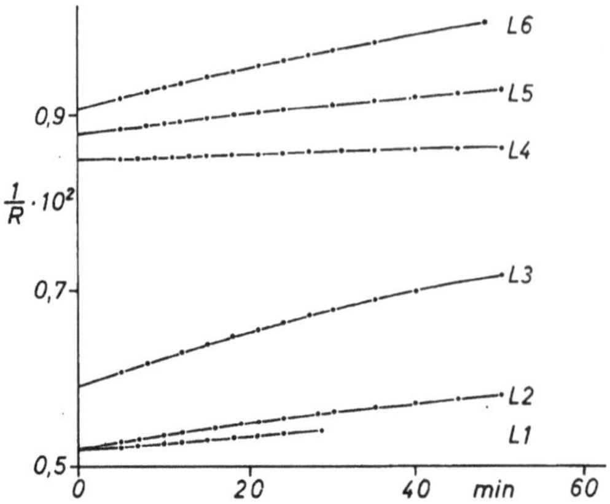

Bild 1. Umsatz—Zeit-Kurven des Redoxsystems bei verschiedenen Peroxydisulfatkonzentrationen

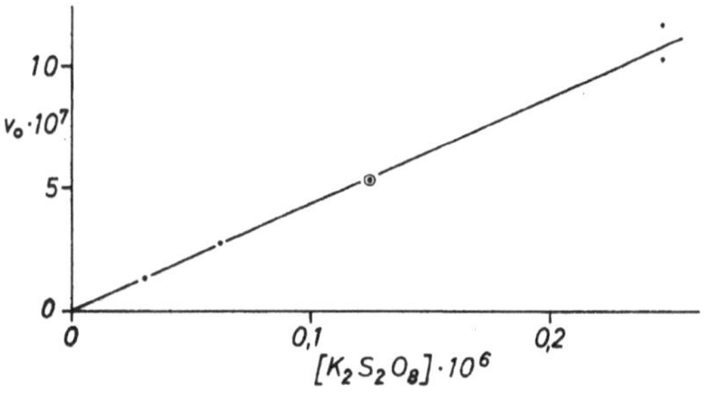

Bild 2. Einfluß der Peroxydisulfatkonzentration auf die Reaktionsgeschwindigkeit des Redoxsystems

indem man graphisch die Neigung bestimmt, mit der die Kurven in die Ordinate münden. Diese Neigung soll mit φ bezeichnet werden. Sie ist proportional der Reaktionsgeschwindigkeit zu Beginn der Reaktion:

$$\varphi = \frac{d\,{}^1/R}{dt} = -\frac{\Delta l}{C} \cdot \frac{dx}{dt} \quad [\mathrm{Ohm^{-1}\,s^{-1}}].$$

In Tabelle 1 sind die Hydrogensulfit- und Peroxydisulfatkonzentrationen sowie die extrapolierten reziproken Anfangswiderstände ${}^1/R_0$ und die Neigungen φ des Bildes 1 angegeben. In der Reaktionslösung waren außerdem jeweils $3{,}99 \cdot 10^{-6}$ mol/l $(NH_4)_2Fe(SO_4)_2$ und $0{,}156 \cdot 10^{-3}$ mol/l H_2SO_4 enthalten. Die Neigungen φ wurden mit Hilfe der *Debye-Hückel-Brönsted*-Beziehung korrigiert und als φ_0 in Tabelle 1 aufgenommen. Als empirischer Ionendurchmesser a der *Debye-Hückel-Brönsted*-Beziehung wurde $a = 6$ Å eingesetzt.

Trägt man φ_0 gegen die Peroxydisulfatkonzentration auf (Bild 2), so ergibt sich eine Gerade der Neigung $\mathrm{tg}\,\alpha = 4{,}33$ cm³ mol⁻¹ s⁻¹ Ohm⁻¹. Die Reaktionsgeschwindigkeit ist also proportional der Peroxydisulfatkonzentration:

$$-\frac{dx}{dt} = k\,[S_2O_8^{--}].$$

Beide Versuchsreihen mit unterschiedlicher Hydrogensulfitkonzentration liegen auf derselben Geraden. Die Reaktionsgeschwindigkeit ist also unabhängig von der Hydrogensulfitkonzentration. Das stimmt mit den abgeleiteten Geschwindigkeitsbeziehungen überein, da die Versuche sich im Konzentrationsbereich der Gleichung (A_1) befinden, nach der die Reaktionsgeschwindigkeit unabhängig von der Hydrogensulfitkonzentration sein muß.

Mit der Beziehung für φ errechnet sich nun die Geschwindigkeitskonstante k zu:

$$k = \frac{C\varphi}{\Delta l\,[S_2O_8^{--}]}.$$

und da $\quad \mathrm{tg}\,\alpha = \dfrac{\varphi_0}{[S_2O_8^{--}]}$,

ist $\quad k_0 = \dfrac{C}{\Delta l}\,\mathrm{tg}\,\alpha\ (\mathrm{s^{-1}})$.

Die Zellenkonstante C läßt sich nach $C = \varkappa_0 R_0$ berechnen. Die spezifische Leitfähigkeit zu Beginn der Reaktion $(\varkappa_0)$ ergibt sich aus den Ionenäquivalentleitfähigkeiten bei unendlicher Verdünnung [4] sämtlicher zu Beginn der Reaktion vorhandenen Ionen, und der Widerstand zu Beginn der Reaktion (R_0) wird aus den Experimenten durch Extrapolation auf die Zeit

Tabelle 1. Einfluß der Peroxydisulfatkonzentration auf die Reaktionsgeschwindigkeit des Redoxsystems

Nr.	$KHSO_3$ [mol/l · 10^3]	$K_2S_2O_8$ [mol/l · 10^3]	$1/R_0 \cdot 10^2$	v [Ohm^{-1} s^{-1} · 10^7]	v_0	C
L 1	3,10	0,062	0,518	1,30	2,82	0,104
L 2		0,124	0,520	2,43	5,36	0,107
L 3		0,248	0,592	5,16	11,75	0,101
L 4	6,20	0,031	0,849	0,50	1,36	0,107
L 5		0,124	0,877	1,93	5,35	0,107
L 6		0,248	0,909	3,67	10,4	0,108

$t = 0$ bestimmt. Die so berechneten Zellenkonstanten sind mit in Tabelle 1 enthalten. Der Mittelwert beträgt $C = 0,106$.

Die Berechnung von Δl stößt auf größere Schwierigkeiten. In Teil II [1] wurde gezeigt, daß die Oxydation des Hydrogensulfits sowohl zum Sulfation als auch zum Hypodisulfation führt. Es gelten also die beiden Bruttogleichungen:

$$S_2O_8^{--} + HSO_3^- + H_2O \rightarrow 3SO_4^{--} + 3H^+, \qquad (I)$$

$$S_2O_8^{--} + 2HSO_3^- \rightarrow 2SO_4^{--} + 2H^+ + S_2O_6^{--}. \qquad (II)$$

Hieraus ergeben sich zwei Werte für Δl:

$$\Delta l_I = 3l_{SO_4^{--}} + 3l_{H^+} - l_{S_2O_8^{--}} - l_{HSO_3^-} = 1306,$$

$$\Delta l_{II} = 2l_{SO_4^{--}} + 2l_{H^+} + l_{S_2O_6^{--}} - l_{S_2O_8^{--}} - 2l_{HSO_3^-} = 933.$$

Damit berechnen sich zwei Geschwindigkeitskonstanten:

$$k_{0I} = 3,51 \cdot 10^{-4}\ (s^{-1}),$$

$$k_{0II} = 4,92 \cdot 10^{-4}\ (s^{-1}).$$

Aus dem Vergleich mit Gleichung (A_1) ergibt sich $k_1[Fe] = k_0$, so daß man erhält:

$$k_{1I} = 88\ l\ mol^{-1}\ s^{-1},$$

$$k_{1II} = 123\ l\ mol^{-1}\ s^{-1}.$$

2.1.2 Einfluß der Hydrogensulfitkonzentration

Es wurde die Änderung des Widerstandes mit der Zeit in Abhängigkeit von der Hydrogensulfitkonzentration in folgendem Ansatz gemessen:

$$1,233 \cdot 10^{-3}\ mol/l\ K_2S_2O_8,$$

$$7,86 \cdot 10^{-6}\ mol/l\ (NH_4)_2Fe(SO_4)_2,$$

$$0,308 \cdot 10^{-3}\ mol/l\ H_2SO_4.$$

Die Reaktionen waren in höchstens 4 h beendet, so daß die Widerstände bei vollständigem Umsatz (R_∞) zur Verfügung standen. Sie verlaufen bis zu einem Umsatz von ungefähr 60% nach der ersten Ordnung. Es gilt also $kt = \ln \frac{a}{x}$, wenn a die Anfangskonzentration und x die Umsatzvariable darstellt. Setzt man für $x = a u$ mit $u = \frac{1/R_\infty - 1/R}{1/R_\infty - 1/R_0}$, so wird:

$$-\lg (1/R_\infty - 1/R) = -\lg (1/R_\infty - 1/R_0) + \frac{k}{2,3}\, t.$$

Die Neigung im $-\lg (1/R_\infty - 1/R)$ – t-Diagramm ist also direkt proportional der Geschwindigkeitskonstanten k der Reaktion erster Ordnung. In Bild 3 sind die Versuche eingetragen, und Tabelle 2 gibt die Hydrogensulfitkonzentrationen, die aus Bild 3 berechneten Geschwindigkeitskonstanten und die reziproken Widerstände bei vollständigem Umsatz an. Die Geschwindigkeitskonstanten k_0 sind nach der *Debye-Hückel-Brönsted*-Beziehung berechnet worden. Sie sind der Hydrogensulfitkonzentration indirekt proportional. Trägt man die Geschwindigkeitskonstante k_0 gegen die reziproke Hydrogensulfitkonzentration auf, so hat die den Meßpunkten entsprechende Gerade die Neigung $1,50 \cdot 10^{-6}$ mol l^{-1} s^{-1}. Für diese experimentellen Bedingungen gilt also $k_0 = 1,50 \cdot 10^{-6}\,[KHSO_3]^{-1}$. Da die Hydrogensulfitkonzentration immer kleiner als die Peroxydisulfatkonzentration war, gilt $v = k_0\,[KHSO_3]$. Wird k_0 eingesetzt, so ergibt sich, daß die Reaktionsgeschwindigkeit v unter sonst gleichen Bedingungen konstant ist. Die Anfangsgeschwindigkeit beträgt also unabhängig von der Hydrogensulfitkonzentration $v = 1,50 \cdot 10^{-6}$ mol l^{-1} s^{-1}. Das bedeutet aber, daß die Versuche im Bereich der Gleichung (A_1) liegen müssen. Damit ergibt sich:

$$k_1 = 155\ l\ mol^{-1}\ s^{-1}.$$

Tabelle 2. Einfluß der Hydrogensulfitkonzentration auf die Geschwindigkeitskonstante des Redoxsystems

Nr.	$KHSO_3$ [mol/l · 10^3]	k [s^{-1} · 10^3]	k_0	$1/R_\infty \cdot 10^2$
L 7	0,133	4,25	10,0	0,722
L 8	0,121	4,37	10,3	0,714
L 9	0,122	4,37	10,3	0,730
L 10	0,309	2,38	5,66	0,862
L 11	0,308			0,856
L 12	0,619	1,00	2,45	1,170
L 13	0,619			1,182
L 14	0,618	1,03	2,53	1,160
L 15	0,618			1,164

2.1.3 Einfluß der Eisenionenkonzentration

Es wurde die Änderung des Widerstandes mit der Zeit in Abhängigkeit von der Eisen(II)-Ionenkonzentration in folgendem Ansatz gemessen:

$$1,233 \cdot 10^{-3}\ mol/l\ K_2S_2O_8,$$

$$0,616 \cdot 10^{-3}\ mol/l\ KHSO_3,$$

$$0,308 \cdot 10^{-3}\ mol/l\ H_2SO_4.$$

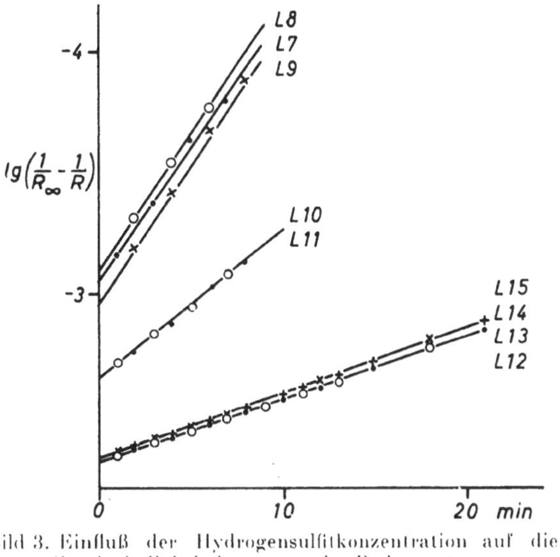

Bild 3. Einfluß der Hydrogensulfitkonzentration auf die Geschwindigkeitskonstante des Redoxsystems

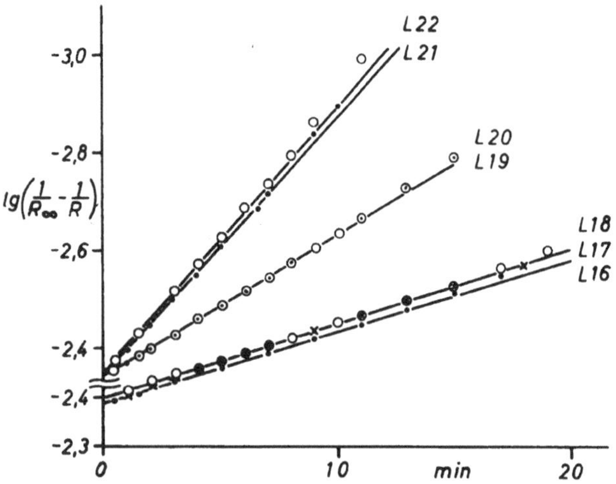

Bild 4. Einfluß der Eisenionenkonzentration auf die Geschwindigkeitskonstante des Redoxsystems

Die Versuche verlaufen bis zu einem Umsatz von 60% nach der ersten Ordnung. Die Auswertung kann also wie im vorigen Abschnitt erfolgen. Bild 4 zeigt die gemessenen Kurven in einem $\lg(^1/R_\infty - ^1/R) - t$-Diagramm. Aus den Anfangsneigungen der Kurven sind die Geschwindigkeitskonstanten k zu errechnen, und Tabelle 3 gibt die Konzentration an *Mohr*schem Salz, die reziproken Endwiderstände $^1/R_\infty$ und die aus Bild 4 berechneten Geschwindigkeitskonstanten an. Die Geschwindigkeitskonstante k_0 wurde wieder mit Hilfe der *Debye-Hückel-Brönsted*-Beziehung aus k berechnet. Aus der Tabelle ersieht man, daß die Geschwindigkeitskonstante erster Ordnung der Reaktion des Redoxsystems proportional der Eisenionenkonzentration ist. Trägt man die Geschwindigkeitskonstante k_0 gegen die Eisenionenkonzentration auf, so ergibt sich eine Gerade, für die gilt:

$$k_0 = 337\,[(NH_4)_2Fe(SO_4)_2]\,[s^{-1}].$$

Da auch bei diesen Versuchen die Peroxydisulfatkonzentration größer als die Hydrogensulfitkonzentration ist, gilt $v = k_0\,[KHSO_3]$, außerdem sind die Konzentrationsverhältnisse im Bereich der Gleichung (A_1). Daraus ergibt sich:

$$k_1 = \frac{337\,[KHSO_3]}{[K_2S_2O_8]} = 169\ l\ mol^{-1}\ s^{-1}.$$

2.2 Polymerisation

Der Einfluß der Peroxydisulfat-, Hydrogensulfit-, Eisen(II)-Ionen- und Säurekonzentrationen auf die

Tabelle 3. Einfluß der Eisenionenkonzentration auf die Geschwindigkeitskonstante des Redoxsystems

Nr.	$(NH_4)_2Fe(SO_4)_2$ [mol/l · 10^6]	k [$s^{-1} \cdot 10^3$]	k_0	$1/R_\infty \cdot 10^2$
L 16	4,00	0,575	1,405	1,083
L 17		0,580	1,418	1,045
L 18		0,592	1,444	1,065
L 19	7,93	1,093	2,68	1,124
L 20		1,132	2,77	1,128
L 21	15,9	2,04	4,97	1,138
L 22		2,15	5,28	1,127

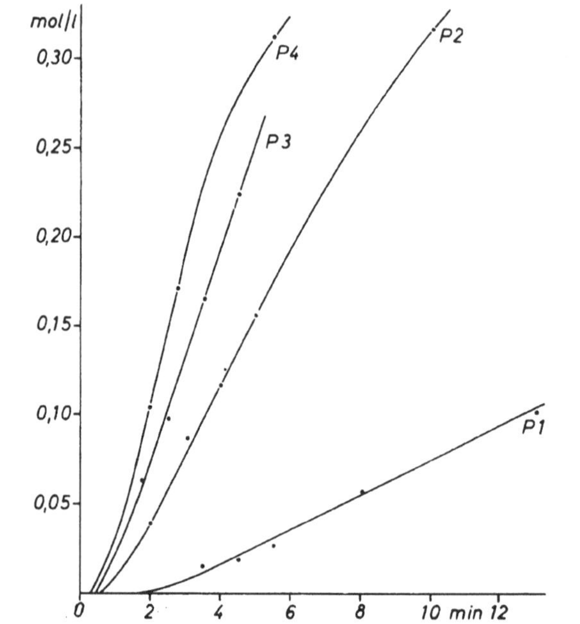

Bild 5. Umsatz–Zeit-Kurven der Acrylnitrilpolymerisation bei verschiedenen Peroxydisulfatkonzentrationen

Polymerisationsgeschwindigkeit der Acrylnitrilpolymerisation in verdünnter wäßriger Lösung bei 25 °C wurde durch Probeentnahme während der Reaktion bestimmt.

2.2.1 Einfluß der Peroxydisulfatkonzentration

Die Peroxydisulfatkonzentration wurde in folgendem Ansatz variiert:

$3{,}20 \cdot 10^{-3}$ mol/l $KHSO_3$,
$0{,}0122 \cdot 10^{-3}$ mol/l $(NH_4)_2Fe(SO_4)_2$,
$0{,}477 \cdot 10^{-3}$ mol/l H_2SO_4,
$0{,}863$ mol/l Acrylnitril.

Bild 5 gibt die Umsatz–Zeit-Kurven der Versuche und Tabelle 4 die Konzentrationen und die aus dem linearen Teil der Kurven berechneten Geschwindigkeiten v an. Trägt man in einem doppeltlogarithmischen Koordinatensystem die Polymerisationsgeschwindigkeit v gegen die Peroxydisulfatkonzentration auf, so erhält man eine Gerade mit der Neigung 0,51. Die Polymerisationsgeschwindigkeit ist also proportional der Quadratwurzel aus der Peroxydisulfatkonzentration: $v = k\,[K_2S_2O_8]^{1/2}$.

Aus der gemessenen Polymerisationsgeschwindigkeit v berechnet sich die auf unendliche Verdünnung korrigierte Geschwindigkeit v_0 mit Hilfe der *Debye-Hückel-*

Tabelle 4. Einfluß der Peroxydisulfatkonzentration auf die Polymerisationsgeschwindigkeit

Nr.	$K_2S_2O_8$ [mol/l · 10^3]	v [mol/l s · 10^4]	v_0
P 1	0,0371	1,642	4,36
P 2	0,368	6,35	15,2
P 3	1,524	10,0	31,0
P 4	3,72	12,1	51,2

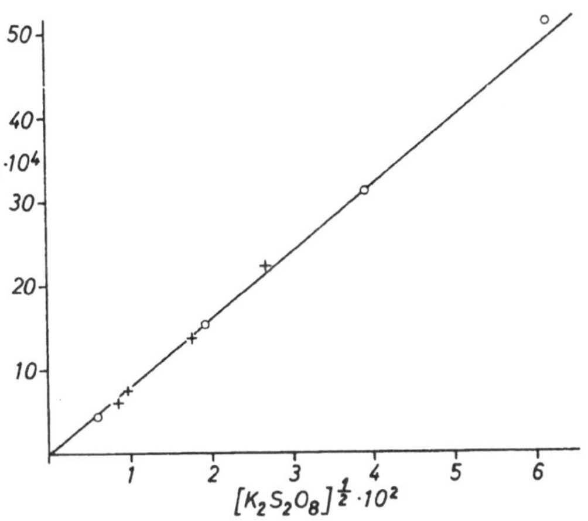

Bild 6. Einfluß der Peroxydisulfatkonzentration auf die Polymerisationsgeschwindigkeit

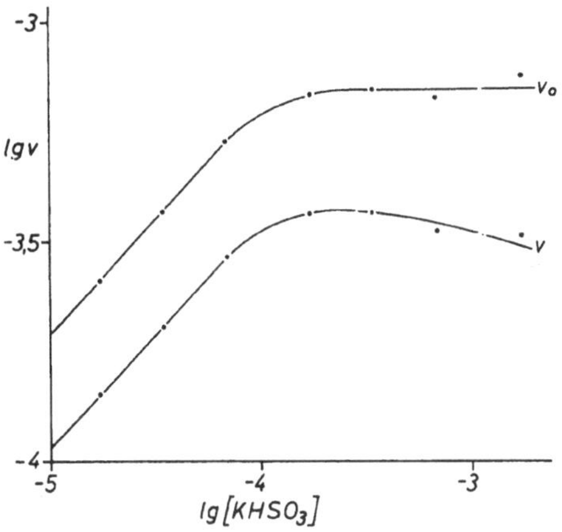

Bild 7. Einfluß der Hydrogensulfitkonzentration auf die Polymerisationsgeschwindigkeit

Brönsted-Gleichung. Die Geschwindigkeitskonstante k_0 wird bestimmt, indem man v_0 gegen die Wurzel aus der Peroxydisulfatkonzentration aufträgt (Kreise in Bild 6). Die Neigung der Geraden beträgt:

$$k_0 = 8{,}0 \cdot 10^{-2}\ \mathrm{mol}^{1/2}\,\mathrm{l}^{-1/2}\,\mathrm{s}^{-1}.$$

2.2.2 *Einfluß der Hydrogensulfitkonzentration*

Die Hydrogensulfitkonzentration wurde in folgendem Ansatz variiert:

$0{,}0954 \cdot 10^{-3}$ mol/l $K_2S_2O_8$,

$0{,}0122 \cdot 10^{-3}$ mol/l $(NH_4)_2Fe(SO_4)_2$,

$0{,}477 \cdot 10^{-3}$ mol/l H_2SO_4,

0,863 mol/l Acrylnitril.

Tabelle 5 gibt die Hydrogensulfitkonzentrationen und die gemessenen Polymerisationsgeschwindigkeiten v an. Aus v berechnet sich v_0 mit Hilfe der *Debye-Hückel-Brönstedt*-Grenzgleichung. Trägt man v bzw. v_0 in einem doppeltlogarithmischen Koordinatensystem gegen die Hydrogensulfitkonzentration auf, so ergibt sich Bild 7. Beide Kurven zeigen zuerst einen linearen Anstieg, der bei der Kurve v 0,51 und bei der Kurve v_0 0,52 beträgt. Kurve v fällt dann nach einem Maximum schwach ab, während die korrigierten Polymerisationsgeschwindigkeiten v_0 von einer bestimmten Hydrogensulfitkonzentration an konstant bleiben. Der Schnittpunkt der beiden linearen Teile der Kurve v_0 liegt etwa bei $1{,}15 \cdot 10^{-4}$ mol/l $KHSO_3$, das entspricht ungefähr der verwendeten Peroxydisulfatkonzentration. Unter den gewählten Bedingungen ist also ab einem Konzentrationsverhältnis Hydrogensulfit/Peroxydisulfat von ca. 1 die nach *Debye-Hückel-Brönsted* korrigierte Polymerisationsgeschwindigkeit unabhängig von der Hydrogensulfitkonzentration.

Dieser Sachverhalt wird noch durch folgende Überlegung bestätigt. In Abschnitt 2.2.1 wurde gezeigt, daß die Polymerisationsgeschwindigkeit proportional der Quadratwurzel aus der Peroxydisulfatkonzentration ist. Die Hydrogensulfitkonzentration war bei diesen Versuchen größer als die Peroxydisulfatkonzentration. Aus den Versuchen dieses Abschnitts folgt nun, daß unter sonst gleichen Bedingungen alle Polymerisationsgeschwindigkeiten auf der Geraden des Bildes 6 liegen müssen, wenn die Hydrogensulfitkonzentrationen jeweils größer sind als die Peroxydisulfatkonzentrationen. Tabelle 6 gibt noch einige Versuche aus anderen Meßreihen an, bei denen diese Bedingungen erfüllt sind. In Bild 6 sind die mit Hilfe der *Debye-Hückel-Brönsted*schen Grenzbeziehung korrigierten Polymerisationsgeschwindigkeiten v_0 als Kreuze eingetragen. Sie bestätigen die Gerade und die Überlegung eindeutig. Ist das Konzentrationsverhältnis Hydrogensulfit/Peroxydisulfat kleiner als 1, so sind unter diesen Bedingungen die gemessene und die korrigierte Polymerisationsgeschwindigkeit proportional der Quadratwurzel aus der Hydrogensulfitkonzentration: $v = k\,[KHSO_3]^{1/2}$.

Die Geschwindigkeitskonstante k_0 bestimmt man für den ansteigenden Ast der Kurve v_0, indem man die Polymerisationsgeschwindigkeit v_0 gegen die Wurzel aus der Hydrogensulfitkonzentration aufträgt. Aus der Neigung der entstehenden Geraden ergibt sich:

$$k_0 = 6{,}37 \cdot 10^{-2}\ \mathrm{mol}^{1/2}\,\mathrm{l}^{-1/2}\,\mathrm{s}^{-1}.$$

Tabelle 5. Einfluß der Hydrogensulfitkonzentration auf die Polymerisationsgeschwindigkeit

Nr.	$KHSO_3$ [mol/l · 10^3]	v [mol/l s · 10^4]	v_0
P 5	0,0172	1,42	2,59
P 6	0,0344	2,02	3,69
P 7	0,0688	2,92	5,37
P 8	0,172	3,65	6,82
P 9	0,344	3,65	7,00
P 10	0,688	3,33	6,71
P 11	1,72	3,25	7,50

Tabelle 6. Einfluß der Peroxydisulfat- und der Hydrogensulfitkonzentration auf die Polymerisationsgeschwindigkeit

Nr.	$K_2S_2O_8$ [mol/l · 10^3]	$KHSO_3$ [mol/l · 10^3]	v [mol/l s · 10^4]	v_0
P 12	0,0732	0,760	3,033	6,12
P 11	0,0954	1,72	3,25	7,50
P 13	0,302	0,748	6,22	13,75
P 14	0,712	0,720	8,83	22,3

Tabelle 7. Einfluß der Eisenionenkonzentration auf die Polymerisationsgeschwindigkeit

Nr.	$(NH_4)_2Fe(SO_4)_2$ [mol/l · 10^3]	v [mol/l s · 10^4]
P 15	0,0061	1,558
P 16	0,0122	1,928
P 17	0,0243	3,12
P 18	0,0608	4,83

2.2.3 Einfluß der Eisenionenkonzentration

Die Konzentration an Ammoniumferrosulfat wurde in folgendem Ansatz variiert:

$0{,}525 \cdot 10^{-3}$ mol/l $K_2S_2O_8$,
$0{,}348 \cdot 10^{-3}$ mol/l $KHSO_3$,
$4{,}77 \cdot 10^{-3}$ mol/l H_2SO_4,
0,863 mol/l Acrylnitril.

Tabelle 7 gibt die Eisenionenkonzentrationen und die gemessenen Polymerisationsgeschwindigkeiten an. Im doppeltlogarithmischen Geschwindigkeits—Konzentrations-Diagramm ergibt sich eine Gerade mit der Neigung 0,49. Die Polymerisationsgeschwindigkeit ist also proportional der Quadratwurzel aus der Eisenionenkonzentration.

2.2.4 Einfluß der Säurekonzentration

Die Konzentration der Schwefelsäure wurde in folgendem Ansatz variiert:

$0{,}0940 \cdot 10^{-3}$ mol/l $K_2S_2O_8$,
$0{,}0940 \cdot 10^{-3}$ mol/l $KHSO_3$,
$0{,}0120 \cdot 10^{-3}$ mol/l $(NH_4)_2Fe(SO_4)_2$,
0,863 mol/l Acrylnitril.

Tabelle 8 gibt die Schwefelsäurekonzentrationen und die gemessenen Polymerisationsgeschwindigkeiten v sowie die mit Hilfe der *Debye-Hückel-Brönsted*-Beziehung korrigierten Polymerisationsgeschwindigkeiten v_0 an. Der Versuch P 22 zeigte keinen deutlichen stationären Zustand, so daß das Anlegen der Tangente mit Unsicherheiten behaftet war. In Tabelle 8 stehen deshalb je zwei Geschwindigkeitswerte, zwischen denen die Polymerisationsgeschwindigkeit liegt.

Es gelang nicht, die Abhängigkeit der Polymerisationsgeschwindigkeit von der Säurekonzentration in der üblichen Potenzfunktion $v = k\,[H_2SO_4]^a$ darzustellen. Geht man jedoch von dem abgeleiteten Geschwindigkeitsausdruck (A) aus und trägt in einem doppeltlogarithmischen Koordinatensystem die korrigierte Polymerisationsgeschwindigkeit v_0 gegen den Ausdruck $[H^+]^2 + [H^+]\,K_I$ auf, so erhält man Bild 8.

Tabelle 8. Einfluß der Säurekonzentration auf die Polymerisationsgeschwindigkeit

Nr.	H_2SO_4 [mol/l · 10^3]	v [mol/l s · 10^4]	v_0 [mol/l s · 10^4]
P 19	0,477	3,26	6,74
P 20	0,954	2,50	5,88
P 21	1,908	2,08	5,90
P 22	4,77	0,725	3,03
		0,638	2,67

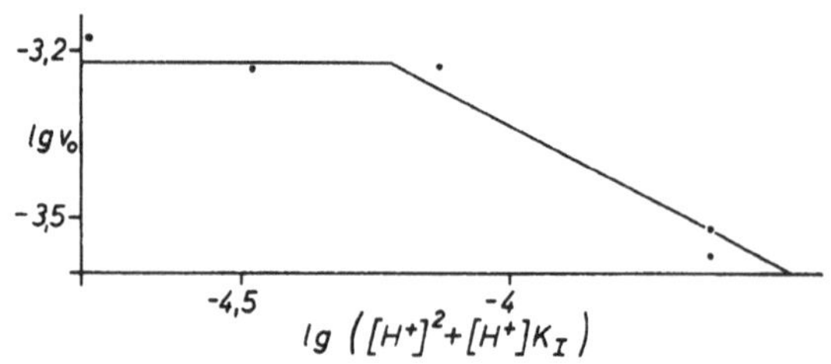

Bild 8. Einfluß der Säurekonzentration auf die Polymerisationsgeschwindigkeit

Die eingetragenen Geraden veranschaulichen den analogen Kurvenverlauf, wie er bei Abhängigkeit der Polymerisationsgeschwindigkeit von der Hydrogensulfitkonzentration festgestellt wurde. Mit zunehmender Säurekonzentration bzw. abnehmender Hydrogensulfitkonzentration bleibt die auf unendliche Verdünnung korrigierte Polymerisationsgeschwindigkeit zunächst konstant und fällt dann mit der Neigung — 0,5.

3 Diskussion

Die Diskussion berücksichtigt generell nur die mit Hilfe der *Debye-Hückel-Brönsted*schen Gleichungen korrigierten Geschwindigkeiten und Geschwindigkeitskonstanten, ohne sie nochmals als solche besonders zu kennzeichnen.

Zuerst werden die Ergebnisse aus den Versuchen mit dem reinen Redoxsystem und dann die der Polymerisationsversuche den abgeleiteten kinetischen Ausdrücken gegenübergestellt.

3.1 Redoxsystem

Betrachtet man zuerst die experimentell ermittelten Reaktionsordnungen der einzelnen Komponenten des Redoxsystems und vergleicht sie mit der abgeleiteten Gleichung (A) und ihren Grenzformen, so ergibt sich folgendes Bild: Nach Abschnitt 2.1.1 ist die Reaktionsgeschwindigkeit proportional der Peroxydisulfatkonzentration. Mit den angegebenen Geschwindigkeitskonstanten k_1 und k_2 berechnet sich, wie schon erwähnt, daß sich die Versuche dieses Abschnitts im Bereich der Gleichung (A_1) befinden. Sie bestätigen damit die Gleichung.

Die Anfangsgeschwindigkeit der Versuche im Abschnitt 2.1.2 ist unabhängig von der Hydrogensulfitkonzentration, was ebenfalls Gleichung (A_1) entspricht.

Die Proportionalität zwischen Reaktionsgeschwindigkeit und Eisen(II)-Ionenkonzentration (Abschnitt 2.1.3) kommt sowohl in Gleichung (A) als auch in den beiden Grenzformen zum Ausdruck. Diese Proportionalität ist also unabhängig von den Konzentrationsverhältnissen.

Vergleicht man die aus den Experimenten berechneten Geschwindigkeitskonstanten k_1, so stellt man fest, daß sie mindestens doppelt so groß sind wie die Geschwindigkeitskonstanten k_1, die in Teil II [1] für das Redoxsystem Peroxydisulfat-Eisen(II)-Ionen gefunden wurden. Sie stehen jedoch in Übereinstimmung mit dem Wert von ca. 130 l mol^{-1} s^{-1} für dieses Redoxsystem, den man aus der von *Fordham* und *Williams* [5] bei 0 und 10 °C ermittelten Gleichung $k = 1 \cdot 10^{11} \exp(-12100/RT)$ errechnet. *Fordham* und *Williams* bestimmten die Kinetik durch Polymerisation von Acrylnitril, so daß für ein Mol Peroxydisulfat ein Mol Eisenionen verbraucht wird und quasi alle Sulfationenradikale die Polymerisation auslösen. Bei unseren Versuchen am Redoxsystem Peroxydisulfat—Eisen(II)-Ionen [2] sind hingegen für ein Mol Peroxydisulfat zwei Mol Eisenionen erforderlich, damit die Radikale weiter zu Sulfationen reagieren können. Aus der Berücksichtigung der Folgereaktionen erklärt sich, daß der Wert von *Fordham* und *Williams* doppelt so groß ist wie der von uns gefundene.

Eine Erklärung für die doppelt so großen Geschwindigkeitskonstanten k_1 des Redoxsystems Peroxydisulfat—Hydrogensulfit—Eisen(II)-Ionen im Verhältnis zur am Redoxsystem Peroxydisulfat—Eisen(II)-Ionen bestimmten Geschwindigkeitskonstanten k_1 ergibt sich ebenfalls aus der Berücksichtigung der Folgereaktionen. Reagiert das Sulfationenradikal nach Reaktion (1a) des obigen Schemas und das Sulfitionenradikal nach Reaktion (2b), so wird

$$[Fe^{2+}] = [Fe^{2+}]_0 + x_2 - x_1 - x_{1a},$$

wobei x_i der Umsatz der i-ten Reaktion ist. Für den stationären Zustand wird daraus

$$\frac{d[Fe^{2+}]}{dt} = v_2 - v_1 - v_{1a} = 0,$$

und mit $v_1 = v_{1a}$ errechnet sich aus $v = v_2 - 2v_1$ die Gleichung (A′), die sich von der Gleichung (A) durch den Faktor 2 unterscheidet:

$$v = \frac{2k_1 k_2 K_I K_{II} [S_2O_8^{--}][BS][Fe]}{2k_1[S_2O_8^{--}]([H^+]^2 + [H^+]K_I) + k_2 K_I K_{II}[BS]}. \quad (A')$$

Die aus den Versuchen berechneten Konstanten k_1 müssen also noch durch zwei dividiert werden, um auf die Konstante k_1 des Reaktionsschemas zu kommen. Tabelle 9 stellt die so ermittelten Geschwindigkeitskonstanten k_1 zusammen. Der Mittelwert und der mittlere Fehler betragen:

$$k_1 = 71 \pm 6 \text{ l mol}^{-1}\text{ s}^{-1}.$$

Die Übereinstimmung ist befriedigend, so daß das Reaktionsschema wahrscheinlich ist.

3.2 *Polymerisation*

Folgende Abhängigkeiten der Polymerisationsgeschwindigkeit von den Konzentrationen der Bestandteile des Redoxsystems wurden experimentell ermittelt: Die Polymerisationsgeschwindigkeit ist proportional der Wurzel aus der Eisen- und der Peroxydisulfatkonzentration. Bei niedrigen Hydrogensulfitkonzentrationen ist die Polymerisationsgeschwindigkeit proportional der Wurzel aus der Hydrogensulfitkonzentration, und bei hoher Hydrogensulfitkonzentration ist sie von ihr unabhängig. Mit steigender Wasserstoffionenkonzentration bleibt die Polymerisationsgeschwindigkeit zunächst konstant und gehorcht dann dem Ausdruck

$$v_{Br} = k([H^+]^2 + [H^+]K_I)^{-1/2}.$$

Qualitativ läßt sich daraus schließen, daß die Form der für das reine Redoxsystem abgeleiteten Gleichung (A) auch für die Polymerisation anzuwenden ist, wenn die Gleichung unter die Quadratwurzel gesetzt wird. Zieht man zur eingehenderen Betrachtung ein einfaches Polymerisationsschema mit Start-, Wachstums- und Abbruchreaktion heran,

$$R^\cdot + M \rightarrow RM^\cdot \qquad v_s = k_s[R^\cdot][M] \qquad (s)$$

$$P^\cdot + M \rightarrow P^\cdot \qquad v_w = k_w[P^\cdot][M] \qquad (w)$$

$$2P^\cdot \rightarrow 2P\,(P_2) \qquad v_a = k_a[P^\cdot]^2, \qquad (a)$$

so folgt mit der Bedingung des stationären Zustandes

$$\frac{d[P^\cdot]}{dt} = v_s - 2v_a = 0$$

die Polymerisationsgeschwindigkeit v_{Br}:

$$v_{Br} = -\frac{d[M]}{dt} = v_w = k_w\left(\frac{k_s}{2k_a}\right)^{1/2}[R^\cdot]^{1/2}[M]^{3/2}. \quad (B)$$

Betrachtet man die Sulfationenradikale und die Sulfitionenradikale als gleichwertig und bezeichnet sie mit $R^\cdot$, so ergeben sich aus dem Reaktionsschema für das Redoxsystem und der Startreaktion, wieder unter Berücksichtigung des stationären Zustandes, drei Gleichungen:

$$\frac{d[Fe^{3+}]}{dt} = v_1 + v_{1a} - v_2 - v_{2a} = 0,$$

$$\frac{d[R^\cdot]}{dt} = v_1 + v_2 - v_{1a} - v_{2a} - 2v_{2b} - v_s = 0,$$

$$[Fe] = [Fe^{3+}] + [Fe^{2+}].$$

Aus ihnen läßt sich die Radikalkonzentration $[R^\cdot]$ errechnen. Es ergibt sich eine kubische Gleichung, deren Ansatz lautet:

$$2k_1k_2[S_2O_8^{--}][SO_3^{--}][Fe] - (k_1k_s[S_2O_8^{--}][M]$$
$$+ k_2k_s[SO_3^{--}][M])[R^\cdot] - (2k_1k_{2b}[S_2O_8^{--}] + 2k_2k_{2b}[SO_3^{--}]$$
$$+ 2k_{1a}k_{2a}[Fe] + k_{1a}k_s[M] + k_{2a}k_s[M])[R^\cdot]^2$$
$$- (2k_{1a}k_{2b} + 2k_{2a}k_{2b})[R^\cdot]^3 = 0.$$

Sind die Reaktionen (1a), (2a) und (2b) gegenüber Reaktion (s) zu vernachlässigen ($k_s \gg k_{1a}, k_{2a}, k_{2b}$) und wird für $[SO_3^{--}] = \frac{K_I K_{II}[BS]}{[H^+]^2 + K_I[H^+]}$ eingesetzt, so folgt:

$$[R^\cdot] = \frac{2k_1k_2K_IK_{II}[S_2O_8^{--}][BS][Fe]}{k_s[M]\{k_1[S_2O_8^{--}]([H^+]^2 + K_I[H^+]) + k_2K_IK_{II}[BS]\}}.$$

Setzt man diese Gleichung in Gleichung (B) ein, so sind die experimentellen Ergebnisse zu erklären. Der Ausdruck für $[R^\cdot]$ kann in der entsprechenden Weise wie Gleichung (A) degenerieren. In jedem Falle muß dann die Polymerisationsgeschwindigkeit proportional der Wurzel aus der Eisenionenkonzentration sein.

Bei den Versuchen im Abschnitt 2.2.1 wären die beiden Terme des Nenners gleich, wenn die Peroxydisulfat-

Tabelle 9. Geschwindigkeitskonstante k_1 des Redoxsystems Peroxydisulfat—Hydrogensulfit—Eisen(II)-Ionen

Konstante	Herkunft
$k_1 = 59$ l mol^{-1} s^{-1}	[2]
$k_{1II} = 62$,,	Abschnitt 2.1.1
$k_1 = 78$,,	,, 2.1.2
$k_1 = 84$,,	,, 2.1.3

Tabelle 10. Geschwindigkeitskonstante k_2 des Redoxsystems Peroxydisulfat—Hydrogensulfit—Eisen(II)-Ionen

Konstante	Herkunft
$k_2 = 9 \cdot 10^5$ l mol^{-1} s^{-1}	[2]
$k_2 = 6 \cdot 10^5$,,	Abschnitt 2.2.2
$k_2 = 27 \cdot 10^5$,,	,, 2.2.4

konzentration etwa $5 \cdot 10^{-3}$ mol/l betrüge. Die Versuche liegen daher im Bereich der Gleichung (A_1).

Die Abhängigkeit der Polymerisationsgeschwindigkeit von der Hydrogensulfitkonzentration (Bild 7) zeigt deutlich den Übergang von einer Grenzform der Gleichung (A) zur anderen. Bei niedriger Hydrogensulfitkonzentration gilt Gleichung (A_2) und bei hoher Hydrogensulfitkonzentration Gleichung (A_1). Die Neigung bei niedriger Hydrogensulfitkonzentration beträgt 0,5, wie es das angenommene Schema erfordert.

Die Abhängigkeit der Polymerisationsgeschwindigkeit von der Wasserstoffionenkonzentration läßt sich jetzt vollständig beschreiben. *Bacon* [6] fand, daß bei pH > 8 kaum eine Polymerisation stattfindet. Nach *Albu* und *v. Schweinitz* [7] bildet sich in alkalischer Lösung ein relativ stabiler Eisen(III)-Sulfit-Komplex, der die katalytische Wirkung der Eisenionen blockiert. Beim Übergang zu niedrigeren pH-Werten steigt die Polymerisationsgeschwindigkeit stark an und gelangt bei pH = 6 in den Bereich der Gleichung (A) bzw. (A_1). Bis etwa pH = 3 bleibt die korrigierte Polymerisationsgeschwindigkeit konstant und nimmt dann nach Gleichung (A_2) wieder ab. Dieser Verlauf wird vom Einfluß der Ionenstärke überlagert (primärer Salzeffekt), so daß die tatsächliche Polymerisationsgeschwindigkeit sofort nach Erreichen des höchsten Wertes langsam abfällt.

Das angenommene Schema wird auch hier durch die Neigung −0,5 bestätigt, mit der die in Bild 8 eingezeichnete Gerade abfällt. Bei den Versuchen, in denen die Hydrogensulfit- und die Wasserstoffionenkonzentration variiert wurden (Bild 7 und 8), müssen im Schnittpunkt der beiden linearen Teile der Kurven die beiden Terme im Nenner der Gleichung (A) gleich groß sein. Aus dieser Bedingung berechnet sich k_2. Wird $k_1 = 71$ mol l^{-1} s^{-1} eingesetzt, so ergibt sich Tabelle 10. Die Übereinstimmung ist unter Berücksichtigung der Streuung der Messungen in Abschnitt 2.2.4 befriedigend. Der Mittelwert und sein mittlerer Fehler berechnen sich zu:

$$k_2 = (14 \pm 7) \cdot 10^5 \text{ l mol}^{-1} \text{ s}^{-1}.$$

Aus der Diskussion der experimentellen Ergebnisse folgt, daß die abgeleitete Gleichung (A) und das ihr zugrunde liegende Schema sowohl auf das reine Redoxsystem Peroxydisulfat-Hydrogensulfit-Eisen(II)-Ionen als auch auf die Polymerisation des Acrylnitrils mit diesem Redoxsystem angewendet werden kann. *Yuguchi* und *Hoshina* [8] leiten aus einem anderen Reaktionsschema einen im Prinzip ähnlichen Geschwindigkeitsausdruck für die Polymerisationsgeschwindigkeit ab. Das Schema kann jedoch die katalytische Rolle der Eisenionen nicht erklären.

4 *Zusammenfassung*

Das Redoxsystem Peroxydisulfat—Hydrogensulfit—Eisen(II)-Ionen und die Polymerisation des Acrylnitrils mit diesem Redoxsystem wurden in verdünnter wäßriger Lösung bei 25 °C kinetisch untersucht.

Die Bestimmung des Reaktionsverlaufs beim Redoxsystem erfolgte durch Leitfähigkeitsmessung, die des Polymerisationsverlaufes durch Probeentnahme. Die ermittelten Reaktionsgeschwindigkeiten und Geschwindigkeitskonstanten erfuhren eine Korrektur mit Hilfe der *Debye-Hückel-Brönsted*schen Theorie.

Bei dem Redoxsystem ist die Reaktionsgeschwindigkeit bei bestimmten Konzentrationsverhältnissen proportional der Peroxydisulfat- und der Eisen(II)-Ionenkonzentration und unabhängig von der Hydrogensulfitkonzentration. Die Polymerisationsgeschwindigkeit ist proportional der Wurzel aus der Peroxydisulfat- und aus der Eisenionenkonzentration. Bei niedriger Hydrogensulfitkonzentration ist sie proportional der Wurzel aus der Hydrogensulfitkonzentration und wird bei hohen Konzentrationen von ihr unabhängig. Entsprechend ist die Polymerisationsgeschwindigkeit erst von der Wasserstoffionenkonzentration unabhängig und wird mit zunehmender Wasserstoffionenkonzentration von ihr abhängig.

Die Ergebnisse stimmen mit unserem früher aufgestellten Schema überein, in dem die beiden radikalbildenden Reaktionen

$$S_2O_8^{--} + Fe^{2+} \rightarrow Fe^{3+} + SO_4^{-\cdot} + SO_4^{--},$$

$$SO_3^{--} + Fe^{3+} \rightarrow Fe^{2+} + SO_3^{-\cdot}$$

durch die Eisenionenkonzentration gekoppelt sind. Das Schema erklärt insbesondere die Abhängigkeit der Polymerisationsgeschwindigkeit von der Hydrogensulfitkonzentration und durch die Einführung des Dissoziationsgleichgewichtes der schwefligen Säure auch die Abhängigkeit der Polymerisationsgeschwindigkeit von der Wasserstoffionenkonzentration.

Der Leitung des Institutes für Faserstoff-Forschung, den Herren Prof. Dr. *E. Correns* und Prof. Dr. *H. Klare*, danken wir für die wohlwollende Unterstützung dieser Arbeit. Fräulein *E. Ewert* sind wir für die zuverlässige Hilfe bei der Durchführung der Meßreihen zu Dank verpflichtet.

Literatur

[1] *Fritzsche, P.*, und *Ulbricht, J.*, Faserforsch. u. Textiltechn. **14** (1963) 12, S. 517—521.

[2] *Ulbricht, J.*, und *Fritzsche, P.*, Faserforsch. u. Textiltechn. **14** (1963) 8, S. 320—325.

[3] *Kortüm, G.*, Lehrbuch der Elektrochemie. Weinheim 1957. S. 235.

[4] *D'Ans, J.*, und *Lax, E.*, Taschenbuch für Chemiker und Physiker. Berlin/Göttingen/Heidelberg 1949. S. 1237.

[5] *Fordham, J. W. L.*, und *Williams, H. L.*, J. amer. chem. Soc. **73** (1951) S. 4855—4859.

[6] *Bacon, R. G. R.*, Trans. Faraday Soc. **42** (1946) S. 140 bis 155.

[7] *Albu, H. W.*, und *v. Schweinitz, H. D.*, Ber. dt. chem. Ges. B **65** (1932) S. 729—737.

[8] *Yuguchi, S.*, und *Hoshina, M.*, Chem. High Polymers, Tokyo **18** (1961) S. 381—386.

Eingegangen am 5. Dezember 1963

Philipp, Wulf und *Dautzenberg:* Rheologische Untersuchungen an Spinnlösungen. 1. Mitt.

Rheologische Untersuchungen an Spinnlösungen

1. Mitteilung: Untersuchung des Fließverhaltens von Viskose im Strukturviskosimeter nach Umstätter

Burkart Philipp, Karl Wulf und Horst Dautzenberg
Deutsche Akademie der Wissenschaften zu Berlin, Institut für Faserstoff-Forschung in Teltow-Seehof

DK 677.463.021.319:532.135:532.137

Das Fließverhalten von technischen Viskoselösungen wird in einem Hochdruckkapillarviskosimeter unter Verwendung von Kapillaren mit unterschiedlichem Länge-Radius-Verhältnis untersucht, um mögliche Beziehungen zum technischen Spinnprozeß aufzufinden. Bei Verwendung von Kapillaren mit einem Verhältnis L/R > 400 kann die *Couette*-Korrektur vernachlässigt werden. Die mit solchen Kapillaren aufgenommenen Fließkurven (log D — log σ-Darstellung) verlaufen nicht symmetrisch und haben keinen Wendepunkt. Ein konstanter η_∞-Wert wird experimentell nicht erreicht, aber unabhängig von den um zwei Zehnerpotenzen schwankenden Anfangsviskositäten haben alle Viskosen bei hoher Schubspannung annähernd die gleiche Minimalviskosität. Die Verwendung von Kapillaren mit unterschiedlichem L/R-Verhältnis erlaubt eine Abschätzung der sogenannten Anlauflänge.

Реологические исследования прядильных растворов
Сообщ. 1-ое: Изучение течения вискозы при помощи структурного вискозиметра по Умштеттеру

С целью выяснения поведения вискозы в процессе прядения было исследовано течение вискозных прядильных растворов в капиллярном вискозиметре высокого давления, причем применялись капилляры с различным отношением длины к радиусу. При применении капилляров с отношением длины к радиусу > 400 поправкой Куэтта можно пренебречь. Кривые течения (lg D—lg σ диаграммы), замеренные при помощи таких капилляров, не являются симметричными и не имеют точки перегиба. Постоянное значение η_∞ не может быть достигнуто опытным путем, однако, независимо от колебаний исходной вязкости в приблизительно 2 порядка все вискозные растворы обладали при большом напряжении сдвига одинаковой минимальной вязкостью. Применение капилляров с различным соотношением длины к радиусу позволяет провести оценку так называемой ,,конечной" поправки.

Rheological Studies on Spinning Solutions
1rst Comm. Investigations of the Flow Behaviour of Viscose in the Umstätter Structural Viscosimeter

The Flow behaviour of technical solutions of viscose has been investigated by means of an high pressure capillary viscosimeter using capillaries of different L/R (length/radius) ratios in order to find out relations to the technical spinning process. Using capillaries of L/R ratios > 400, the *Couette* correction may be neglected. The flow curves (plot of log D versus log σ) obtained with such capillaries do not exhibit symmetrical shapes and inflexion points. A constant value of η_∞ can not be reached experimentally. Independently of the values of initial viscosity varying in the order of 10^2, all viscose samples have nearly equal values of minimal viscosity at high shear stress. The use of capillaries of different L/R ratios permits the estimation of the end correction.

1 *Einleitung und Zielsetzung*

Die wachsenden Anforderungen an das Viskoseverfahren, insbesondere bei der Herstellung von hochfesten Fasern, zwingen zu einer eingehenden Untersuchung jedes einzelnen Schrittes des Herstellungsprozesses. Besonderes Interesse beanspruchen in diesem Zusammenhang die direkt mit dem Spinnprozeß verbundenen Vorgänge. Schon vielfach untersucht, jedoch noch verhältnismäßig wenig geklärt ist das Verhalten der Viskose in der Spinndüse und die Frage, in welchem Umfange die rheologischen Eigenschaften der Viskose die Fadenbildung und die Eigenschaften der fertigen Faser beeinflussen können.

Eine ausführliche Arbeit über das Fließverfahren von Viskoselösungen liegt bereits aus dem Jahre 1939 von *Philippoff* und *Krüger* [1] vor, in der u. a. der Einfluß der Zellstoffart, der Alkalicellulosevorreife und der Cellulosekonzentration in der Viskose auf die Form und Lage der Fließkurve verfolgt wurde. In einer wenig später erschienenen Arbeit von *Bredée* und *De Booys* [2] wird der Versuch unternommen, die tatsächlich in der Spinndüse vorliegende Viskosität zu ermitteln. In beiden Arbeiten wird festgestellt, daß Viskose eine ausgeprägte Strukturviskosität zeigt und daß auch recht beträchtliche Unterschiede in der Kugelfallviskosität bei hohen Geschwindigkeitsgefällen weitgehend nivelliert werden.

Die stürmische Entwicklung auf dem Gebiete der Celluloseregeneratfasern sowie die Weiterentwicklung der Meßtechnik und Verbesserung der Auswertemethodik in der Rheologie veranlaßten in neuerer Zeit verschiedene Autoren, die Untersuchungen zur Strukturviskosität der Viskose wieder aufzunehmen. So liegt zu diesem Themenkomplex eine Anzahl von Veröffentlichungen von *Schurz* [3 bis 5] vor, der vor allem quantitative Beziehungen zwischen Lage des Wendepunktes der Fließkurve und Molekular- bzw. Teilchengewicht der gelösten Substanz für verschiedene Systeme aufzustellen versuchte und außerdem aus den Fließkurven die sogenannten PD-Kennkurven (Polydispersitäts-Kennkurven) ableitete.

Grundlagen dieser Arbeiten waren zum Teil frühere Veröffentlichungen von *Umstätter* [6,7] und *Edelmann* [8 bis 13], nach denen der Wendepunkt der Fließkurve bei um so kleinerem Geschwindigkeitsgefälle liegt, je größer das Molekulargewicht ist. Zu ähnlichen Ergebnissen wie *Schurz* kommen *Pakšver* u. Mitarb. in ihren in der jüngsten Zeit veröffentlichten Untersuchungen [14, 15].

Wenn wir mit dieser Arbeit jetzt ebenfalls Untersuchungen zum Fließverhalten von Viskose begannen, so geschah dies unter dem Blickwinkel, Beziehungen zwischen den rheologischen Eigenschaften verschiedener Viskosen und ihrem Spinnverhalten aufzufinden, ähnlich den von *Kast* [16] durchgeführten Arbeiten über Fließvorgänge beim Kunstseidenspinnen nach dem Cuoxam-Verfahren unter Verwendung von Düsen mit unterschiedlichem Länge-Radius-Verhältnis. Zum anderen schien uns ein verschiedentlich postulierter symmetrischer Verlauf der Fließkurven bei Viskose als nicht genügend gesichert, zumal es trotz großen Bemühens auch bisher nicht gelungen ist, den theoretisch zu erwartenden konstanten Viskositätswert bei sehr hoher Schubspannung (η_∞) experimentell eindeutig zu fixieren. Bemerkenswert ist in diesem Zusammenhang die kürzlich erschienene Arbeit von *Hopkins* und *Whatley* [17] über die rheologischen Eigenschaften der Viskose, deren Meßwerte bei doppelt-logarithmischer Auftragung von Schubspannung gegen Geschwindigkeitsgefälle in einem gewissen Schubspannungsbereich auf einer Geraden verlaufen und nicht auf einen symmetrischen Verlauf der Fließkurve hinweisen.

Schließlich hielten wir es im Zusammenhang mit anderen Arbeiten zum Lösungszustand der Viskose für zweckmäßig, nochmals den Einfluß einiger Zellstoff- und Viskosierparameter auf das Fließverhalten zu prüfen.

2 *Versuchsmethodik*

2.1 *Theoretische Vorbemerkungen*

Wenn vorausgesetzt wird, daß die zu untersuchende Flüssigkeit homogen und isotrop ist, kein Einfluß von Vorgeschichte und Zeit besteht, die bei den Messungen örtlich auftretende Änderung der Schubspannung mit der Zeit und der Einfluß des aufgewendeten Druckes sowie dessen Ableitung nach der Zeit vernachlässigt werden können und somit eine stationäre Strömung vorliegt, nimmt das Fließgesetz folgende einfache Form an:

$$\dot{\gamma} = f(\sigma) \qquad (\dot{\gamma} = \text{Schergeschwindigkeit}, \; \sigma = \text{Schubspannung}). \tag{1}$$

Bei *Newton*schen Flüssigkeiten besteht bekanntlich direkte Proportionalität zwischen $\dot{\gamma}$ und σ, und es ist

$$\dot{\gamma} = \frac{1}{\eta} \cdot \sigma, \tag{2}$$

so daß zur Charakterisierung des Fließverhaltens die Angabe einer einzigen Konstanten, der Viskosität η bzw. der Fluidität $1/\eta$ genügt. Bei nicht-*Newton*schen Flüssigkeiten ist es jedoch erforderlich, den Zusammenhang $\dot{\gamma} = f(\sigma)$ in Form einer Fließkurve zu ermitteln.

Die mit Kapillarviskosimetern durchgeführten Messungen liefern zunächst bei vorgegebenem Druck P das in der Zeit t aus der Kapillare geflossene Volumen V bzw. die Volumengeschwindigkeit $Q = V/t$.

Aus der Volumengeschwindigkeit Q ergibt sich (mit Hilfe des *Hagen-Poiseuille*schen Gesetzes) die scheinbare Schergeschwindigkeit D:

$$D = \frac{4Q}{\pi R^3} \; [s^{-1}], \qquad R = \text{Radius der Kapillare}, \tag{3}$$

und aus dem Druck P die „unkorrigierte" bzw. „scheinbare" Schubspannung σ_u:

$$\sigma_u = \frac{R \cdot P}{2L} \; [\text{dyn. cm}^{-2}], \qquad L = \text{Kapillarlänge}. \tag{4}$$

Nach *Herzog* und *Weissenberg* [18, 19] verteilt sich die einem System zugeführte mechanische Energie prinzipiell auf einen elastischen Anteil (= potentielle Energie) und die miteinander verkoppelten Anteile der kinetischen Energie und der Wärmeenergie:

$$E_{\text{Gesamt}} = E_{\text{Wärme}} + E_{\text{potent.}} + E_{\text{kinet.}} \tag{5}$$

Experimentell erfassen lassen sich die einzelnen Summanden in Gl. (5) mit Hilfe einer stationären laminaren Strömung in einer Kapillare, bei der sich der angelegte Gesamtdruck P auf diese drei Anteile verteilt. Unter Zugrundelegung des *Hagen-Poiseuille*schen Gesetzes kann der Druckanteil für die Energiedissipation ($E_{\text{Wärme}}$) in der Kapillare deren Länge L und der Druckanteil für die potentielle Energie einer „Anlauflänge" (fiktiven Verlängerung) l der Kapillare (*Couette*-Korrektur) proportional gesetzt werden, während die *Hagenbach*-Korrektur H den Druckanteil für die kinetische Energie liefert. Es ist somit

$$P = B \cdot L + B \cdot l + H \tag{6}$$

(B = Proportionalitätsfaktor,
$B \cdot l$ = *Couette*-Korrektur,
H = *Hagenbach*-Korrektur,
l = fiktive Länge, Anlauflänge).

Die wahre maximale Schubspannung σ an der Kapillarwand ist also kleiner als die nach Gleichung (4) berechnete scheinbare Schubspannung σ_u. Die *Hagenbach*-Korrektur H ergibt sich bekanntlich zu

$$H = \varrho \cdot \bar{v}^2, \quad (\varrho = \text{Dichte der Flüssigkeit}, \; \bar{v} = \frac{Q}{R^2 \cdot \pi} = \text{mittlere Geschwindigkeit der Flüssigkeit in der Kapillare}). \tag{7}$$

Damit ist zur Berechnung der wahren Schubspannung σ nur noch die Anlauflänge l erforderlich. Entsprechend Gleichung (6) ist diese experimentell unter Verwendung mindestens zweier verschieden langer Kapillaren zu erhalten, wobei die Radien der Kapillare möglichst gleich groß sein sollen. Bei jeweils konstanter Schergeschwindigkeit D wird der um die *Hagenbach*-Korrektur H verminderte Druck P gegen das Länge/Radius-Verhältnis L/R bzw. gegen die Länge L aufgetragen (Bild 1).

Für Cellulose-Lösungen in Cuoxam [16] und für Polyäthylenschmelzen [20] erhält man Geraden, deren rückwärtige Verlängerungen die Druck-Ordinate im positiven Ast und die Länge/Radius- bzw. Länge-Abszisse im negativen Ast schneiden. Der der *Couette*-Korrektur entsprechende und von D abhängige Druckanteil $B \cdot l$, der durch die Geraden auf der Druck-Ordinate abgeschnitten wird, ist bei den strukturviskosen Flüssigkeiten oft um mehrere Zehnerpotenzen größer als die *Hagenbach*-Korrektur H, so daß diese dann vernachlässigt werden kann. Bei *Newton*schen Flüssigkeiten dagegen stehen *Couette*- und *Hagenbach*-Korrektur allgemein im konstanten Verhältnis $\frac{B \cdot l}{H} = 1{,}12$ [16]; s. auch [32, 33].

Die wahre Schubspannung σ wird nun wie folgt erhalten:

$$\sigma = \frac{1}{2} \cdot \frac{P}{L/R + l/R} = \frac{1}{2} \frac{P \cdot R}{(L + l)} = \frac{1}{2} \frac{\Delta P}{\Delta L/R} = \frac{R}{2} \cdot \frac{\Delta P}{\Delta L} = \frac{1}{2} \tan \alpha. \tag{8}$$

Nur für $L \gg l$, d. h. bei Verwendung hinreichend langer Kapillaren, kann die *Couette*-Korrektur vernachlässigt werden und $\sigma_u = \sigma$.

Die wahre Schergeschwindigkeit $\dot{\gamma}$ ergibt sich unter gewissen hier weitgehend erfüllten Voraussetzungen

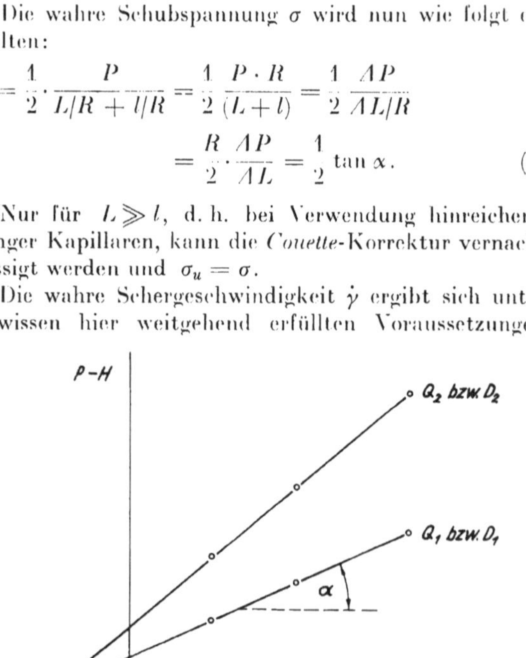

Bild 1. Bestimmung der „Anlauflänge l"

nach *Eisenschitz*, *Rabinowitsch* und *Weissenberg* [21] wie folgt:

$$\dot{\gamma} = \frac{3}{4} D + \frac{1}{4} \sigma \frac{dD}{d\sigma} = \frac{3}{4} D + \frac{1}{4} D \frac{d \log D}{d \log \sigma}$$

$$= \frac{3}{4} D + \frac{1}{4} D \cdot k \qquad (9)$$

mit $k = \frac{d \log D}{d \log \sigma}$.

Bei *Newton*schem Verhalten ist $k = 1$ und damit $\dot{\gamma} = D$. Für diesen Fall liegt in der Kapillare das parabolische Strömungsprofil vor, und bei doppelt-logarithmischer Auftragung von Schergeschwindigkeit gegen Schubspannung resultiert bekanntlich eine Gerade mit 45° Neigung. Bei strukturviskosen Flüssigkeiten ist die scheinbare Schergeschwindigkeit D kleiner als die wahre Schergeschwindigkeit $\dot{\gamma}$, und das Strömungsprofil in der Kapillare ist abgeplattet. Zur Kennzeichnung des Fließverhaltens ist hier die Aufnahme einer Fließkurve erforderlich, wobei lediglich von der Voraussetzung des Vorliegens einer stationären, laminaren Strömung ausgegangen wird. Tritt in der Darstellung $\log D$ gegen $\log \sigma$ ein Abschnitt mit konstanter Steigung, d. h. $\frac{d \log D}{d \log \sigma} = \text{const} = k$ auf, so ist für diesen Bereich die Fließeigenschaft gekennzeichnet durch

$$\dot{\gamma} \text{ bzw. } D = A \cdot \sigma^k \qquad (10)$$

oder $\sigma = K \cdot \dot{\gamma}^n$

(A = Konstante,
k = Fließexponent,
K = Fließkonsistenzindex,
n = Fließverhaltensindex).

Vielfach begnügt man sich mit der Angabe der scheinbaren Schergeschwindgkeit D, und es wird der Quotient aus Schubspannung σ_u und scheinbarer Schergeschwindigkeit D als scheinbare Viskosität η' bezeichnet. Zur Auswertung unserer Meßergebnisse wählten wir aus den zahlreichen möglichen Darstellungsweisen für die Fließkurve einmal die konventionelle Auftragung von $\log D$ gegen $\log \sigma_u$, zum anderen von η' gegen $\log \sigma_u$.

2.2 *Bemerkungen zur Meßapparatur*

Für die rheologischen Messungen stand ein Hochdruck-Kapillar-Viskosimeter nach *Umstätter* [22] zur Verfügung. Die Einstellung des erwünschten Transpirationsdruckes P wird durch drei zweistufige Druckminderer bzw. Druckregler (0 bis 1 at; 1 bis 10 at; 10 bis 100 at) sehr erleichtert. Die Druckmessung selbst erfolgt für die drei Bereiche mit entsprechenden Feinmeßmanometern, wobei für den Bereich von 0 bis 1 at zusätzlich ein Quecksilbermanometer angeschlossen ist. Die pro Zeiteinheit ausfließende Menge wird an einer waagerecht angeordneten Meßbürette abgelesen [23]. Das ursprüngliche Strukturviskosimeter nach *Umstätter* ist in letzter Zeit mehrfach modifiziert und verbessert worden [24, 25]. Durch einige von uns vorgenommene Veränderungen sollten vor allem zusätzliche Kapillarwege für die Meßflüssigkeit weitgehend vermieden werden, was um so notwendiger erschien, als auch sehr kurze Meßkapillaren verwendet werden sollten. In der zunächst zur Verfügung stehenden Viskosimeterausführung hatte die Meßflüssigkeit, abgesehen von der Meßbürette selbst, zusätzliche Kapillarwege in einer Gesamtlänge von 117 mm bei einem Durchmesser von ca. 3 mm zu durchfließen, die sich ergeben durch das Steigrohr der Überwurfmutter für die Meßkapillare, die Bohrungen im Verschlußkopf und im Absperrventileinsatz und schließlich die Strecke vom Absperrventilausgang bis zum Anfang der Meßbürette. Eine rechnerische Berücksichtigung dieser zusätzlichen Kapillarwege ist auch bei Kenntnis von Länge und Querschnitt jedes einzelnen Wegestückes nur für *Newton*sche Flüssigkeiten möglich, wo sich — ausgehend vom *Hagen-Poiseuille*schen Gesetz — aus

$$P_i = \frac{8\, Q\, L_i}{R_i^4\, \pi}\, \eta \quad \text{und} \qquad (11)$$

$$P = \Sigma P_i \qquad (12)$$

der Druckabfall über der Meßkapillare P_1 aus dem Gesamtdruck P und den Dimensionen der zusätzlichen Wegestücke ergibt zu

$$P_1 = P - \frac{8\, Q}{\pi}\, \eta \left[\frac{L_2}{R_2^4} + \frac{L_3}{R_3^4} + \ldots \right]. \qquad (13)$$

Bei strukturviskosen Flüssigkeiten ist eine solche einfache Korrektur nicht durchführbar, da in jedem Kapillarabschnitt eine andere scheinbare Viskosität vorliegt.

Zur weitgehenden Vermeidung zusätzlicher Kapillarwege wurden der Verschlußkopf des Viskosimeters und der Einsatz für das Absperrventil aus einem Stück gearbeitet. Hierdurch konnten die zusätzlichen Wege von 117 mm auf 54 mm verkürzt werden, wobei wir gleichzeitig die Bohrungen von 3 mm ∅ auf 5 mm ∅ erweiterten (Bild 2). Die Verbindung zwischen Meßkapillare und Verschlußkopf wurde entsprechend Bild 3 in ähnlicher Weise wie bei den von uns kürzlich beschriebenen Osmometern vorgenommen [26]. Der Kunststoffkonus (Ekalluvin, Miramid o. ä.) ist hier jedoch nur zu $^2/_3$ seiner Länge auf die Kapillare aufgeschoben und muß dann entweder zusätzlich mit Epoxydharz verklebt oder wie in der auf Bild 3 ersichtlichen Form ausgeführt werden, bei der beim Anziehen der Überwurfmutter ein Druckring den Konus fest gegen die Kapillarwandung drückt. Weitere Einzelheiten sind den Bildern 2 und 3 zu entnehmen. Ein gewisser Nachteil dieser Anordnung ist lediglich, daß die Glaskapillaren nicht mehr in Stahlhülsen eingekittet und damit gegen gröbere äußere Einwirkungen ungeschützt sind.

Die Meßflüssigkeit befindet sich in einem zylindrischen Glasgefäß von ca. 150 ml Fassungsvermögen, das in die Druckbombe eingesetzt wird. Die längeren Kapillaren (L = 10 bzw. 15 cm) tauchen direkt in die Meßflüssigkeit ein. Bei den kürzeren Kapillaren von 1 bzw. 0,1 cm Länge ist die Überwurfmutter gleichzeitig als Steigrohr ausgebildet, wobei jedoch der innere Durchmesser des Steigrohrs mit 18 mm genügend weit gewählt wurde.

Die Messungen wurden mit Kapillaren von 0,5 mm ∅ ($R = 2{,}5 \cdot 10^{-2}$ cm) und den Längen von 15 bzw. 10 cm, 1 cm und 0,1 cm durchgeführt. Damit lag ein Längen-Radien-Verhältnis von 600 bzw. 400, 40 und 4 vor. Bei 10 und

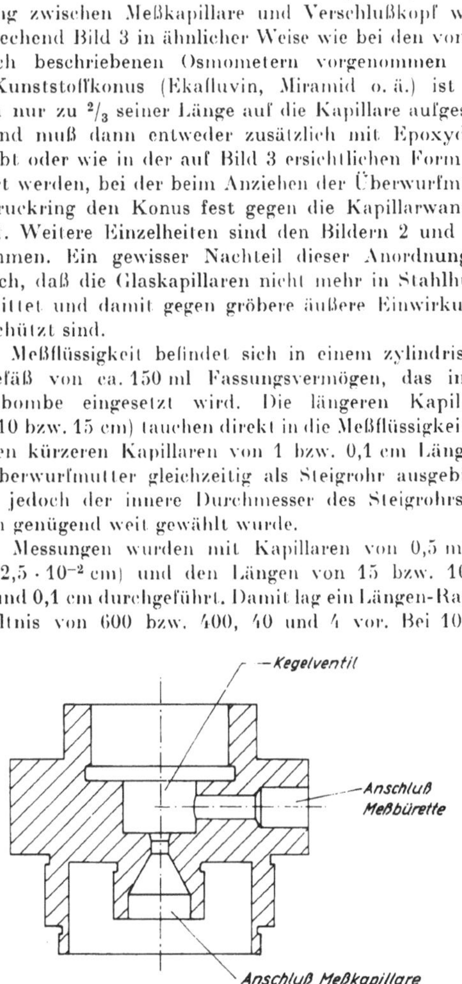

Bild 2. Verbesserter Verschlußkopf für das Strukturviskosimeter nach *Umstätter* [22]

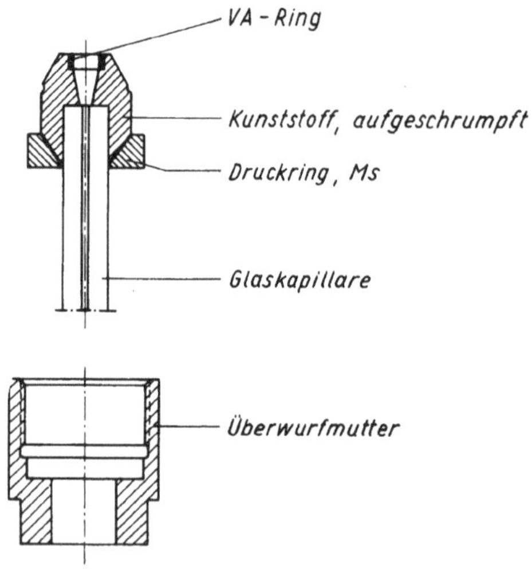

Bild 3. Anschluß und Abdichtung der Meßkapillare mit dem Verschlußkopf

15 cm Länge konnten handelsübliche Glaskapillaren Verwendung finden, während als 1 und 0,1 cm-Kapillaren entsprechend durchbohrte Ekafluvinkonen dienten, die in üblicher Weise mit dem Viskosimeterkopf verbunden waren. Es sei noch darauf hingewiesen, daß bei den Messungen mit der 0,1 cm langen Kapillare und in geringem Maße auch bei der 1 cm langen Kapillare sich die Meßbürette als zusätzlicher Kapillarweg auswirkte. Insbesondere bei höherem Druck, der natürlich in jeder Stufe konstant gehalten wird, verminderte sich die Volumengeschwindigkeit Q vom Anfang der Bürette bis zu deren Ende. Für unsere Cellulosexanthogenatlösungen ergab sich eine lineare Abhängigkeit der Volumgeschwindigkeit Q von der Bürettenlänge, so daß mit Hilfe von Doppel- bzw. Mehrfachbestimmungen bei verschiedenen Bürettenlängen die Volumgeschwindigkeit Q auf die Bürettenlänge Null bzw. auf das Ende der Meßkapillare annähernd extrapoliert werden konnte.

In Ergänzungen zu den Untersuchungen im Strukturviskosimeter wurden die Viskosen auch im Freiflußviskosimeter nach *Umstätter* [27] gemessen, um Viskositätswerte bei relativ niedriger Schubspannung zu erhalten und so den Bereich der konstanten Anfangsviskosität (η_0) näher zu charakterisieren. Die Meßkapillare des Freiflußviskosimeters hatte einen Durchmesser von 2 mm bei 400 mm Länge. Für Flüssigkeiten mit der Dichte 1 ergab sich hier eine Schubspannung von $\sigma \approx 9 \cdot 10^1$ dyn cm^{-2}.

2.3 Herstellung und Charakterisierung der verwendeten Viskosen

Für Vorversuche, sowie für einige Untersuchungen zum Einfluß des Nachreifezustandes, verwendeten wir Viskoseproben aus dem Institutstechnikum, die nach dem klassischen Verfahren hergestellt wurden und die für technische Cordviskosen übliche Zusammensetzung aufwiesen: ca. 7% Cellulose, 6,5% NaOH, 40% CS_2-Einsatz auf Alpha-Cellulose, DP etwa 500 bis 600. Die für die systematischen Meßreihen benötigten Ansätze wurden im 2 l-Maßstab ebenfalls nach dem klassischen Verfahren in einer Laboranlage nach *Treiber* [28] hergestellt. Wir variierten dabei den Zellstofftyp (Sulfit—Sulfat), den CS_2-Einsatz, die Alkali- und Cellulosekonzentration sowie den DP der Alkalicellulose und untersuchten die Viskosen zumeist in nur wenig gereiftem

Tabelle 1. Viskose-Parameter und Meßbedingungen bei den Versuchsreihen mit langer Kapillare

Versuch	Zellstoff	Reifezustand a) wenig b) stärker gereift	Viskose-Parameter							Rheologische Meßbedingungen	
			DP	Cellulose [%]	Alkali [%]	CS_2 [%]	γ-Wert	Kugelfall [s]	η_0 [Poise]	Temp. [°C]	Kapillarlänge [cm]
I/1	Modocord extra	a)	518	6,18	6,19	55	52,5	68,9	73,9	20	10
I/1	,, ,,	a)	518	6,18	6,19	55	48,7	76,9	86,6	20	10
II/1	Cordecel S 20	a)	529	6,23	6,07	25	34,6	104,3	109,2	20	10
III/1	Modocord extra	a)	505	6,09	6,18	55	56,0	73,2	78,5	20	10
IV/1	Cordecel S 20	a)	496	5,94	8,15	55	56,8	42,0	43,9	20	10
V/1	Cordecel S 20	a)	496	6,22	3,29	55	48,5	27,8	258,0	20	10
VI/1	Cordecel S 20	a)	521	8,7	8,1	55	60,6	—	—	20	10
VII/1	Modocord extra	Nachreifeverlauf	594	6,0	7,06	40	52,7	156,5	163	20	10
2	,, ,,						43,4	117,2	128,5	20	10
3	,, ,,						26,8	161,6	170	20	10
4	,, ,,						16,7	256,1	270	20	10
5	,, ,,						12,3	282,4	292	20	10
6	,, ,,						11,5	353,4	360	20	10
VIII/1	Modocord extra	a)	602	6,23	8,16	40	43,3		260	12	15
2	,, ,,	a)					43,3	176,1	182	20	15
3	,, ,,	a)					43,3	—	108	35	15
4	,, ,,	b)					21	—	400	12	15
5	,, ,,	b)					21	295	294,5	20	15
6	,, ,,	b)					21	—	150	35	15
IX/1	Cordecel S 20	a)	579	6,25	8,27	40	45,9	—	184	12	15
2	,, ,,	a)					45,9	116,9	128,7	20	15
3	,, ,,	a)					45,9	—	69	35	15
4	,, ,,	b)					18,5	—	456	12	15
5	,, ,,	b)					18,5	302	317	20	15
6	,, ,,	b)					18,5	—	178	35	15

Tabelle 2. Viskose-Parameter und Meßbedingungen bei den Versuchsreihen zur Untersuchung des Kapillarlängeneinflusses

Versuch	Zellstoff	Reife-zustand a) wenig b) stärker gereift	Viskose-Parameter							Rheologische Meßbedingungen	
			DP	Cellulose [%]	Alkali [%]	CS_2 [%]	γ-Wert	Kugelfall [s]	η_0 [Poise]	Temp. [°C]	Kapillar-länge [cm]
X/1–3	Modocord extra	a)	627	6,00	8,13	40	43,2	176,6	184	20	15; 1; 0,1
X/4–6	,, ,,	b)							235	20	15; 1; 0,1
XI/1–3	Cordecel S 20	a)	572	6,22	8,11	40	45,3	155,5	115,2	20	15; 1; 0,1
XI/4–6	,, ,,	b)					21,2	173,7	196,7	20	15; 1; 0,1
XII/1–3	Modocord extra	a)	629	6,16	8,37	85	89,3	263,2	224,6	20	10; 1; 0,1
XII/4–6	,, ,,	b)					22,9	504,7	558,9	20	10; 1; 0,1
XIII/1–3	Modocord extra	a)	625	6,17	3,26	40	34,8	1080	1150	20	10; 1; 0,1
XIV/1–3	Modocord extra	a)	603	7,86	8,22	40	47,2	559,1	617,5	20	10; 1; 0,1
XIV 4–6	,, ,,	b)		4,4	8,1	40	44,2	24,8	27,7	20	10; 1; 0,1
XV/1–3	Modocord extra	a)	402	6,07	8,02	40	46	24,1	26,3	20	10; 1; 0,1

und in stärker abgereiftem Zustand. Einzelheiten sind den Tabellen 1 und 2 zu entnehmen, die zugleich Angaben über die bei den rheologischen Messungen variierten Parameter enthalten.

3 Meßergebnisse und ihre Auswertung

Zunächst sei auf die Meßergebnisse eingegangen, bei denen infolge genügend großer Kapillarlängen bzw. eines hinreichend hohen Verhältnisses L/R die *Couette*-Korrektur vernachlässigt werden kann und damit die unmittelbar aus P, R und L berechnete unkorrigierte Schubspannung σ_u als praktisch identisch mit der tatsächlichen Schubspannung σ angesehen werden kann. Dies ist der Fall bei den im Freiflußviskosimeter erhaltenen Meßwerten, sowie bei den Messungen im Strukturviskosimeter unter Verwendung der 10 cm bzw. 15 cm langen Kapillaren. Zur Auswertung erwies es sich als günstig, zunächst die Änderung der scheinbaren Viskosität η' als Funktion des Logarithmus der Schubspannung zu betrachten (η' — $\log \sigma$-Darstellung) und erst später, bei Besprechung des Einflusses der Kapillarlänge, auf die konventionelle Fließkurvendarstellung ($\log D$ — $\log \sigma$-Darstellung) überzugehen.

In Bild 4 sind als Beispiel für die η' — $\log \sigma$-Darstellung die mit einer 10 cm langen Kapillare erhaltenen Meßwerte von Versuch XII/1 wiedergegeben. Im Freiflußviskosimeter wurde hier bei einer Schubspannung von $\sigma = 90$ dyn cm^{-2} eine scheinbare Viskosität von 224 Poise erhalten. Die niedrigste, im Strukturviskosimeter einstellbare Schubspannung lag bei 2500 dyn cm^{-2} und ergab für $\eta' = 195$ Poise. Trägt man beide η'-Werte als Funktion der Schubspannung derart auf, daß einmal η' und zum anderen $\log \eta'$ in Abhängigkeit von σ dargestellt werden, und extrapoliert dann auf $\sigma = 0$, so folgt im ersten Fall $\eta_0 = 225$ Poise, im anderen Falle $\eta_0 = 225{,}2$ Poise. Man kann also feststellen, daß unter Berücksichtigung der Fehlerbreite der Meßmethodik unsere Freiflußviskosimeterwerte noch im Bereich konstanter Anfangsviskosität η_0 liegen. Erwähnt sei, daß offenbar auch die in „Sekunden Fallzeit" angegebene konventionelle „Kugelfallviskosität" als Maß für die Anfangsviskosität η_0 betrachtet werden kann; denn für den von uns untersuchten Bereich von 25 bis 1080 s Kugelfallzeit ergab sich entsprechend Bild 5 ein von den Zellstoff- und Viskosierparametern unabhängiger, linearer Zusammenhang zwischen Kugelfallzeit [s] und der im Freiflußviskosimeter gemessenen Absolutviskosität η_0 in Poise. Für den Quotienten η_0 [Poise]/Kugelfallzeit [s] finden wir einen Wert von $1{,}04 \pm 0{,}09$, während *Treiber* und *Eriksson* [29] für den Bereich zwischen 11 und 310 s Kugelfallzeit ein Verhältnis von 1,238 angeben, wobei allerdings die Absolutviskosität im *Höppler*-Viskosimeter bestimmt wurde.

Mit steigender Schubspannung nimmt gemäß Bild 4 die scheinbare Viskosität η' zunächst allmählich und dann immer stärker ab, bis schließlich im Bereich von etwa $4 \cdot 10^3$ bis $4 \cdot 10^4$ dyn cm^{-2} dieser Abfall sehr steil und praktisch linear mit $\log \sigma$ erfolgt, um bei noch höheren Schubspannungen sich wieder zu verlangsamen, indem sich η' mehr und mehr dem hier allerdings experimentell nie erreichten konstanten Endwert η_∞ nähert, der bei unseren Viskosen in der Größenordnung von 1 Poise liegen dürfte. Zur zahlenmäßigen Kennzeichnung dieses Verlaufes der scheinbaren Viskosität eignen

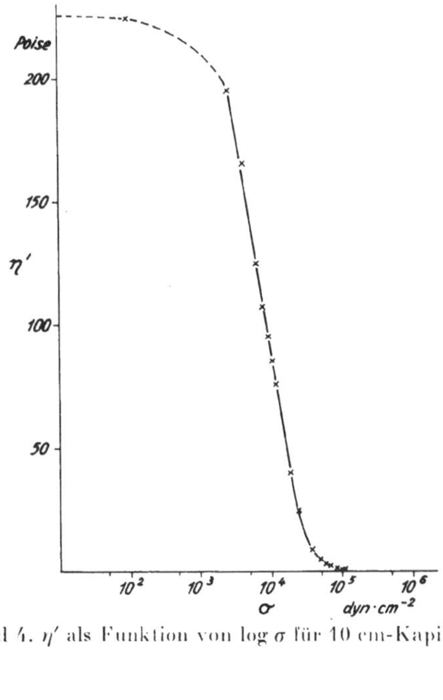

Bild 4. η' als Funktion von $\log \sigma$ für 10 cm-Kapillare

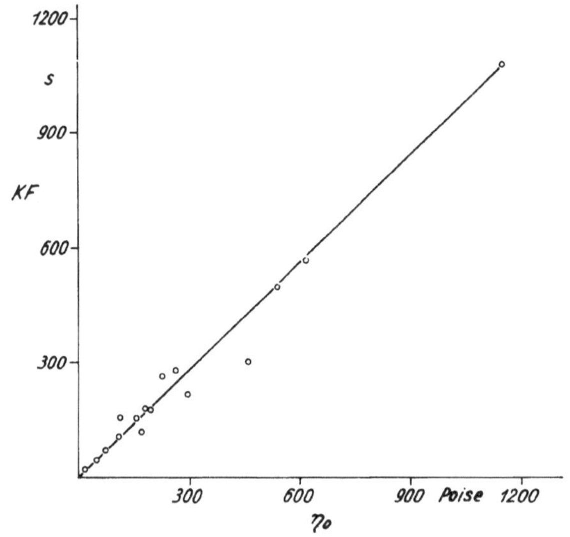

Bild 5. „Kugelfallzeit" [s] in Abhängigkeit von der im Freiflußviskosimeter gemessenen Absolutviskosität η_0 [Poise]

sich η_0 und der Richtungsfaktor m des linear abfallenden Kurvenstückes. Während η_0 durch entsprechende Wahl der Viskosierparameter (DP, Cellulose- und Alkalikonzentration, CS_2-Menge, Nachreifezustand) sowie durch die Temperatur in weiten Grenzen variiert werden kann, wurde bei hohen Schubspannungen nach einem Abfall von η' um 1 bis 3 Zehnerpotenzen stets annähernd die gleiche „Minimalviskosität" von $1 \pm 0{,}5$ Poise erreicht. Dementsprechend ist die Neigung des linearen Teils der η' — log σ-Kurve primär von η_0 abhängig, indem der Abfall um so steiler ist, je höher die Anfangsviskosität liegt (vergl. Bild 6). Daneben ist jedoch ein Einfluß einzelner Viskosierparameter zu erkennen insofern, als die Steilheit des η'-Abfalles (in Bild 6 mit „-m" bezeichnet) mit η_0 stärker zunimmt, wenn die Erhöhung der Anfangsviskosität durch Temperaturerniedrigung vorgenommen wird, als wenn ein Anstieg von η_0 durch fortschreitende Nachreife oder durch Verringerung der Alkalikonzentration erfolgt.

Aus diesen Versuchsergebnissen kann geschlossen werden, daß bei sehr hoher Schubspannung ($\sigma > 10^5$ dyn cm^{-2}) unabhängig von der Anfangsviskosität und den diese bestimmenden Viskosierparametern die Wechselwirkung zwischen den xanthogenierten Celluloseketten in einem für alle Viskosen gleichen Ausmaße durch den Fließvorgang aufgehoben ist. Bei niedrigerer Schubspannung dagegen (im Bereich des „linearen Abfalls") scheint die Art der zwischenmolekularen Bindungen eine Rolle zu spielen, indem die durch Temperaturerniedrigung hervorgerufene zusätzliche und reversible Wechselwirkung in einem engeren Schubspannungsbereich (stärkerer Abfall!) überwunden wird als die wahrscheinlich stärkeren Haftpunkte infolge fortschreitender Nachreife, indem der Wert für „-m" unverhältnismäßig niedrig liegt für eine mit geringerer NaOH-Konzentration hergestellte Viskose, bei der der Lösungszustand offenbar besonders weit vom Zustand des „unendlichen Netzes" entfernt ist und noch zahlreiche und starke Haftpunkte von der nativen Faserstruktur her vorliegen.

Die bei verschiedenen Temperaturen (12°, 20°, 35°C) durchgeführten Meßreihen (Versuche VIII und IX) er-

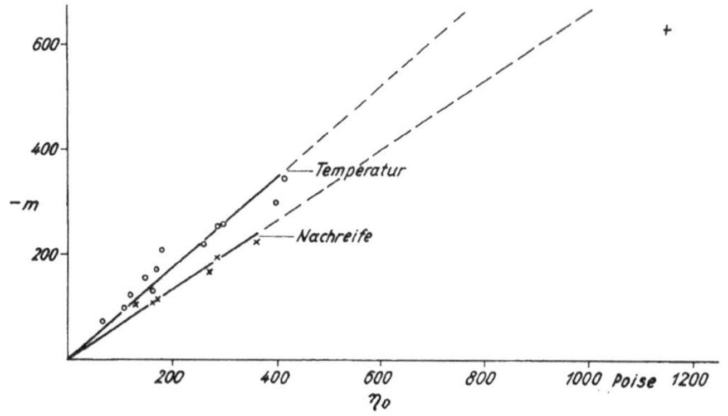

Bild 6. Neigung m des linearen Teils der η' — log σ-Kurve (vgl. Bild 4) in Abhängigkeit von der Anfangsviskosität η_0

o η_0 durch Temperatur } verändert
× η_0 durch fortschreitende Nachreife } verändert
+ η_0 durch verringerte Alkalikonzentration bedingt

lauben die Bestimmung einer Fließaktivierungsenergie E_A für die Anfangsviskosität η_0 entsprechend

$\eta_0 = A \cdot e^{E_A/RT}$. Die Ergebnisse bringt Tabelle 3.

Diese Werte für die Fließaktivierungsenergie befinden sich in Übereinstimmung mit denen von *Mikami* und *Ellefsen* [30], die auch 7 Kcal/Mol angeben. Mit einem anderen Cellulosederivat, nämlich mit Cellulosetriacetat ist ebenfalls ein Vergleich möglich, da hierüber Angaben von *Schurz* und *Windisch* [31] vorliegen. Aus den der Abb. 6 jener Arbeit [31] entnommenen Werten läßt sich die Fließaktivierungsenergie zu 5 bis 5,5 Kcal/Mol für die 1%ige Äthylenchlorhydrinlösung des Cellulosetriacetats abschätzen.

Es soll nun der Einfluß der Kapillarlänge auf das Fließverhalten betrachtet werden. Ein Vergleich der mit verschiedenen Kapillarlängen bei σ_u = const. gemessenen η'-Werte ergibt, daß die mit der 15 cm- und der 10 cm-Kapillare gemessenen η'-Werte sich nicht unterscheiden, dann aber mit abnehmender Kapillarlänge (1 cm- und 0,1 cm-Kapillaren) η' größer werden. In der η' — log σ_u-Darstellung sind die Kurven der 1 cm- und 0,1 cm-Kapillaren gegenüber der 10 cm-Kapillare nach rechts verschoben (Bild 7), wobei zumindest die linearen Abschnitte der Kurven annähernd parallel verlaufen. Mit den kurzen Kapillaren liegen auch hier die erreichten „Minimalviskositäten" bei etwa 1 Poise im Bereich für σ_u zwischen 10^5 und 10^6 dyn cm^{-2}. Die Ursache für die Aufspaltung der Kurven ist, wie bereits dargelegt (vergl. 2.1), im wesentlich größeren Anteil der *Couette*-Korrektur am Gesamtdruck P bei den kürzeren Kapillaren (vgl. Formel (6) zu sehen, während diese bei der 10 cm-Kapillare vernachlässigt werden kann. Zur Ermittlung der *Couette*-Korrektur $B \cdot l$ bzw. der „Anlauflänge l" ist die log D — log σ_u-Darstellung zweckmäßiger,

Tabelle 3. Fließaktivierungsenergie für Viskose

Versuchs-Nr.	E_A [Kcal/Mol]
VIII/1—3	6,75
VIII/1—6	7,4
IX/1—3	7,5
IX/4—6	7,2

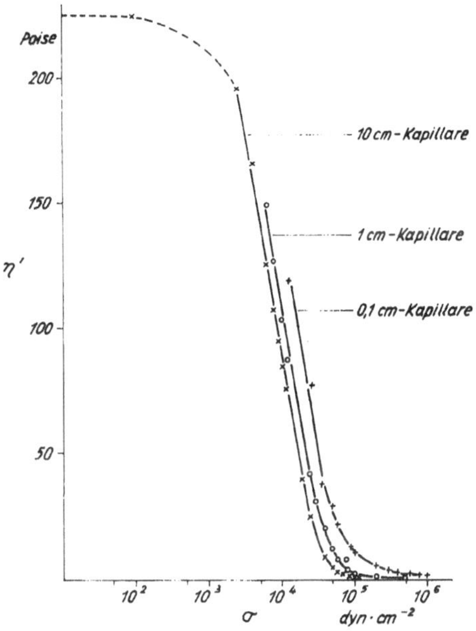

Bild 7. η' als Funktion von $\log \sigma_u$ für 10 cm-, 1 cm- und 0,1 cm-Kapillare

da hier die zur Besprechung von l erforderlichen σ_u-Werte der einzelnen Kapillaren bei jeweils konstantem D direkt entnommen werden können. Bild 8 zeigt die Meßergebnisse von Versuch XII/1—3 in der bekannten $\log D - \log \sigma_u$-Darstellung.

Die Fließkurven für die drei unterschiedlich langen Kapillaren fächern mit wachsendem σ_u allmählich auseinander. Demnach ist die „Anlauflänge l" abhängig von der Schergeschwindigkeit D. Entsprechende Ergebnisse hat auch *Kirschke* [25] mit strukturviskosen Ölen (Mineralöle unter Zusatz von Polyisobutylenen) erhalten. Dies geht aus Bild 8 seiner Arbeit [25] eindeutig hervor, in welcher der Quotient aus gemessener, unkorrigierter Schubspannung und wahrer, korrigierter Schubspannung in Abhängigkeit von dem Geschwindigkeitsgefälle (Bereich 10^2 bis $5 \cdot 10^4$ s^{-1}) aufgetragen ist. Dieser Quotient ist nur ein anderer Ausdruck für die „Anlauflänge l". *Kast* [16] dagegen findet, daß für Cellulose in Cuoxam die „Anlauflänge l" unabhängig von der Schergeschwindigkeit ist (gemessen bei $D = 192$; 384 und 576 s^{-1}).

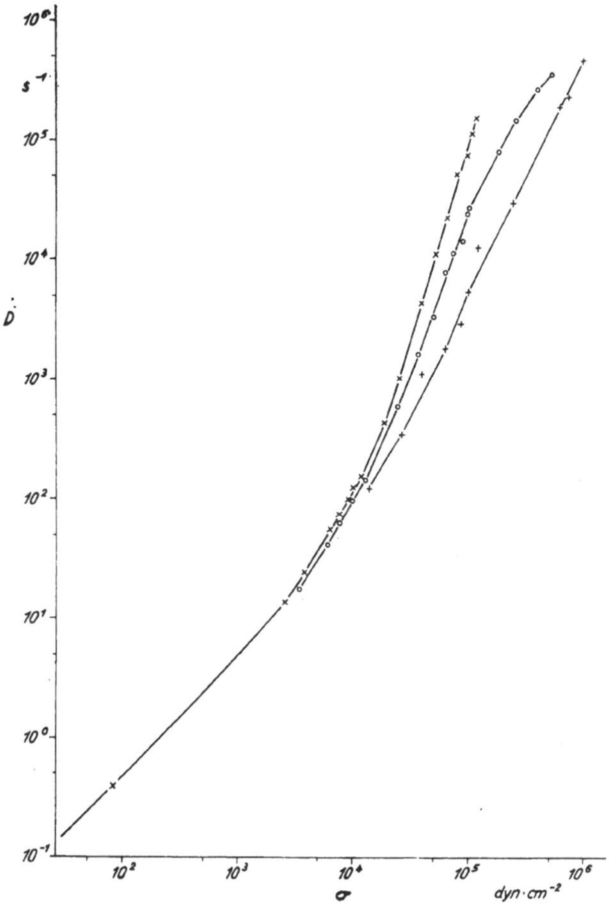

Bild 8. $\log D$ als Funktion von $\log \sigma_u$ für 10 cm-, 1 cm- und 0,1 cm-Kapillare

Um nun die einzelnen Viskosen hinsichtlich ihrer Anlauflänge vergleichen zu können, wurden bei allen Viskosen für ein konstantes $D = 10^3$ s^{-1} die Anlauflängen durch Kombination der 10 cm- und der 0,1 cm-Kapillare berechnet. Der verhältnismäßig niedrige Wert von D wurde aus Gründen der Meßgenauigkeit gewählt. In Tabelle 4 sind für die Versuche XI bis XV nochmals einige Viskosierparameter zusammengefaßt und den zugehörigen Anlauflängen gegenübergestellt.

Tabelle 4. „Anlauflänge l" den Viskosedaten gegenübergestellt

Versuch	Zellstoffart und DP der Alkalicellulose	Prozent Cellulose	Alkali	CS_2	γ-Wert	η_0 [Poise]	„Anlauflänge" l [cm]
XI/1—3	Cordecel/DP 572	6,33	8,11	40	45,3	115,2	0,03
	S 20				21,2	196,7	0,075
XII/1—3	Modocord/DP 629	6,16	8,47	85	89,3	224,6	0,08
XII/4—6	extra				22,9	558,9	0,11
XIII/1—3	Modocord/DP 625 extra	6,17	3,26	40	34,8	1150	0,24
XIV/1—3	Modocord/DP 603	7,86	8,22	40	47,2	617,5	0,12
XIV/4—6	extra	4,4	8,1	40	44,2	27,7	0,03
XV/1—3	Modocord/DP 402 extra	6,07	8,02	40	46	26,3	0,03

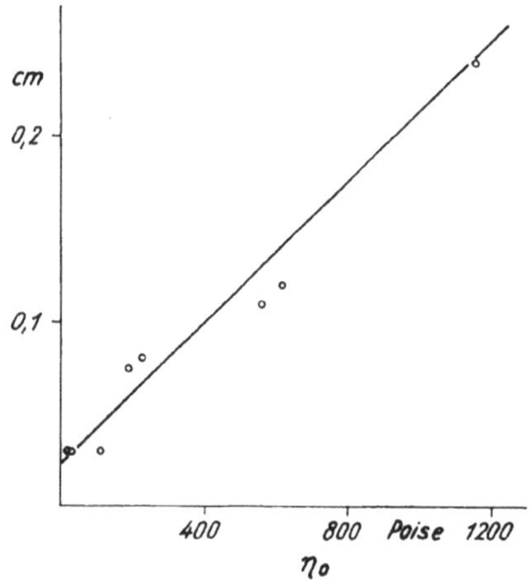

Bild 9. „Anlauflänge l" in Abhängigkeit von der Anfangsviskosität η_0 bei $D = 10^3\,s^{-1}$; Kombination: 10 cm- und 0,1 cm-Kapillare

Wie Bild 9 zeigt, nimmt die „Anlauflänge l" mit steigender Anfangsviskosität η_0 allgemein zu. Ob dabei ähnlich wie bei dem Richtungsfaktor „m" der $\eta' - \log \sigma$-Darstellung in zweiter Linie auch einzelne Viskosierparameter sich in unterschiedlicher Weise auswirken, kann bei den verhältnismäßig wenigen hier vorliegenden Meßdaten und deren merklicher Streuung noch nicht entschieden werden. Es sei an dieser Stelle darauf hingewiesen, daß zur genaueren Bestimmung von Anlauflängen bei hohen Werten des Geschwindigkeitsgefälles D die hier benutzte Anordnung mit einer der Kapillare nachgeschalteten Meßbürette wegen der erforderlichen Korrekturen nicht allzu genau und so eine feinere Differenzierung im Hinblick auf Viskosierparameter nicht möglich ist. Eine Ergänzung unserer Untersuchungen in dieser Richtung unter Benutzung eines anderen, dem technischen Spinnprozeß näherstehenden Meßprinzips ist daher vorgesehen. Bei Auftragung der mit der 10 cm- und 15 cm-Kapillare gemessenen Werte (Versuche I bis XV) in $\log D - \log \sigma$-Darstellung fällt auf, daß bei keiner der untersuchten Viskosen Anzeichen für einen symmetrischen Verlauf der Fließkurven vorhanden sind und „η_∞" experimentell nicht erreicht wird. Wenn sich auch die einzelnen Viskosen, bedingt durch die verschieden gewählten Parameter wie DP, Reife, Cellulose- und Alkalikonzentration in ihren Anfangsviskositäten erheblich unterscheiden und damit die Fließkurven bei geringen Schubspannungen entsprechend distanziert sind, so laufen jedoch alle mit einer 10 cm- bzw. 15 cm-Kapillare gemessenen Fließkurven bei höheren Schubspannungen zusammen. Bei einer maximal erreichbaren Schubspannung von $\sigma = 10^5$ dyn cm^{-2} werden Schergeschwindigkeiten von $D = 6{,}5 \cdot 10^4$ bis $2 \cdot 10^5\,s^{-1}$ gemessen entsprechend der schon erwähnten und für alle Viskosen etwa gleich niedrigen Minimalviskosität von $1 \pm 0{,}5$ Poise. In der $\log D - \log \sigma$-Darstellung ergibt sich ein längeres Kurvenstück etwa ab $D = 10^3$ bis $D = 10^5\,s^{-1}$ mit konstanter Steigung, wie es bereits von *Hopkins* und *Whatley* [17] bei Viskose gefunden wurde. Für diesen linearen Teil der Fließkurven gilt die Beziehung

$$D = A \cdot \sigma^k \text{ bzw. } \log D = \log A + k \log \sigma. \quad (10)$$

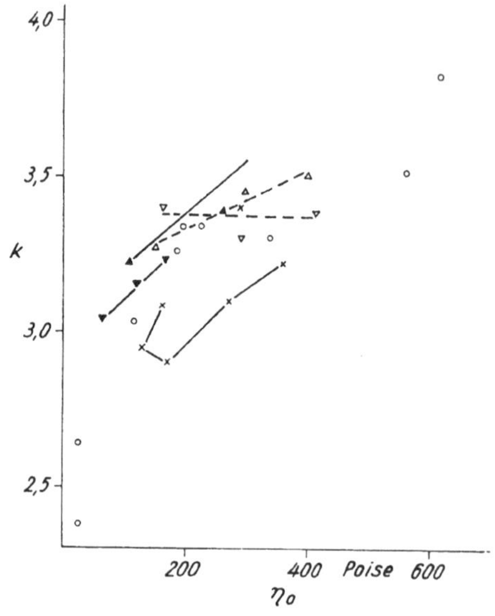

Bild 10. Steigung k in Abhängigkeit von der Anfangsviskosität η_0

× Versuch VII /1—6
▲ Versuch VIII/1—3
△ Versuch VIII/4—6
▼ Versuch IX /1—3
▽ Versuch IX /4—6
○ Versuch XI bis XV

Ein Vergleich der für die verschiedenen Meßreihen erhaltenen Steigung k ergibt zunächst wieder die allgemeine Tendenz einer Zunahme von k mit steigender Anfangsviskosität η_0 (vgl. Bild 10), daneben scheint jedoch auch ein Einfluß der einzelnen, viskositätsbestimmenden Parameter vorhanden zu sein, wenn man beispielsweise die Änderung von k mit η_0 einerseits für die Nachreifereihe und andererseits für die Temperaturreihen betrachtet. Verständlich ist die Änderung von k mit dem DP bei Viskosen gleicher Zusammensetzung, wie sie *Hopkins* und *Whatley* [17] finden, da unter dieser Voraussetzung ja auch η_0 mit dem DP zunimmt. In Bild 11 haben wir diesen Zusammenhang zwischen k und DP dargestellt und sowohl die drei von *Hopkins* und *Whatley* angegebenen Werte wie auch unsere Ergebnisse eingetragen.

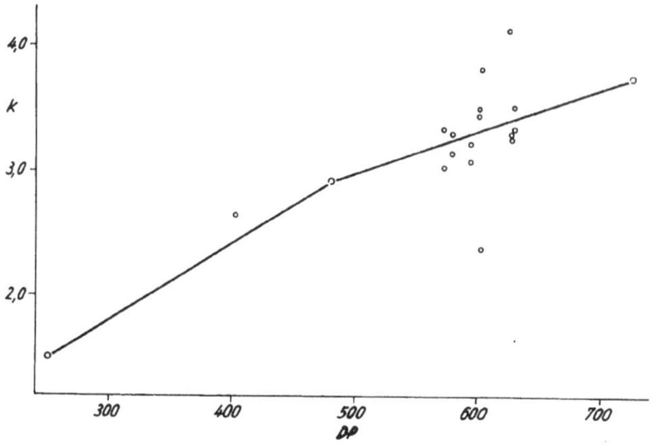

Bild 11. Steigung k in Abhängigkeit vom DP

4 Zusammenfassung und Schlußfolgerungen

Die Arbeit wurde unter dem Blickwinkel begonnen, verschiedenartige Viskosen hinsichtlich ihres Fließverhaltens zu betrachten und dabei mögliche Beziehungen zum technischen Spinnprozeß aufzufinden. Für die bisher durchgeführten und in dieser Mitteilung behandelten Untersuchungen stand ein Strukturviskosimeter nach *Umstätter* zur Verfügung, das in der Weise abgeändert wurde, daß 1. zusätzliche Kapillarwege auf ein Minimum reduziert, 2. die Abdichtung der Meßkapillaren besonders einfach und sicher gestaltet und 3. der wahlweise Einsatz von Kapillaren unterschiedlicher Länge zwischen 0,1 cm und 15 cm ermöglicht wurde. Grenzen sind der Anwendung dieser Meßmethodik, d. h. der Bestimmung der Volumengeschwindigkeit Q mit Hilfe einer der Meßkapillare nachgeschalteten Bürette, die ebenfalls eine Kapillare darstellt, gesetzt bei gleichzeitigem Vorliegen großer Volumengeschwindigkeiten Q bzw. großer Schergeschwindigkeiten D und kleinem L/R-Verhältnis, da dann eine zuverlässige Extrapolation auf die Bürettenlänge Null und damit auf die in der eigentlichen Meßkapillare vorliegende Schergeschwindigkeit D nicht mehr möglich ist.

Die Meßreihen mit Kapillaren ausreichend hohen L/R-Wertes von 600 bzw. 400, die eine Vernachlässigung der *Couette*-Korrektur erlauben, ergaben in der $\log D - \log \sigma$-Darstellung keine Anzeichen für einen symmetrischen Verlauf der Fließkurven unserer Viskosen. In dem von uns untersuchten Bereich bis $\sigma = 10^5$ dyn cm^{-2} war kein Wendepunkt zu erkennen und daher eine rheologische Teilchen- bzw. Molekulargewichtsbestimmung [3, 4, 5, 14, 15] nicht möglich. Ein konstanter η_∞-Wert wurde experimentell nicht erreicht, jedoch beobachteten wir unabhängig von den um zwei Zehnerpotenzen schwankenden Anfangsviskositäten η_0 (18 bis 1200 Poise) bei sämtlichen Viskosen praktisch die gleiche „Minimalviskosität" von $\eta' = 1 \pm 0{,}5$ Poise im Bereich hoher Schubspannung von ca. 10^5 dyn cm^{-2}. Offenbar sind die zwischenmolekularen Bindungen in der mechanisch nicht beanspruchten Viskose in jedem Fall so schwach, daß sie durch den Fließvorgang bei hoher Schubspannung weitgehend und in gleichem Ausmaße gesprengt werden. Die Steilheit des η'-Abfalls zwischen η_0 und der „Minimalviskosität" bei hoher Schubspannung hängt in erster Linie von der Höhe der Anfangsviskosität ab, wird aber daneben auch von den einzelnen Viskoseparametern in unterschiedlicher Weise beeinflußt. Für die Aktivierungsenergie des Fließvorganges wurde in Übereinstimmung mit anderen Autoren ein Wert von etwa 7 Kcal/Mol ermittelt.

Durch Verwendung von Kapillaren unterschiedlicher Länge bzw. mit unterschiedlichen L/R-Verhältnissen von 600, 400, 40 und 4 wurde eine Abschätzung der sogenannten „Anlauflänge l" vorgenommen, die mit Werten zwischen 0,03 bis 0,24 cm etwa die Größenordnung aufweist, wie sie von *Kast* für Kupferseide-Spinnlösungen (Cellulose in Cuoxam) angegeben wurde.

Vergleicht man die bei den verschiedenen Meßreihen für konstantes Geschwindigkeitsgefälle $D = 10^3$ s^{-1} errechneten Anlauflängen, so ergibt sich ein Anstieg mit zunehmender Anfangsviskosität. Mit steigendem Geschwindigkeitsgefälle D nimmt die Anlauflänge, d. h. der von der Viskose in Form potentieller Energie gespeicherte Energieanteil, zu. In dem Maße, in dem die Anlauflänge mit der Kapillarlänge vergleichbar wird, steigt mit abnehmendem L/R bei vorgegebener Schubspannung die scheinbare Viskosität η' an.

Hinsichtlich des technischen Spinnprozesses werden die Angaben von *Bredée* und *De Booys* [2] voll bestätigt, denn wenn in den technischen Spinndüsen ein Längen-Radius-Verhältnis von ungefähr 5 vorausgesetzt wird, so kann der Viskositätsabfall mit zunehmender Schubspannung in der Spinndüse mit den Meßreihen verglichen werden, die wir mit unserer 0,1 cm-Kapillare erhalten haben. Dies bedeutet, daß einem Druck von 1 bis 5 atü vor der Spinndüse eine unkorrigierte Schubspannung von ca. $1 \cdot 10^5$ bis $5 \cdot 10^5$ dyn cm^{-2} entspricht, und damit η' in der Spinndüse bzw. unserer 0,1 cm-Kapillare ungefähr 3- bis 10mal größer ist als die mit hinreichend langen Kapillaren erreichte Minimalviskosität.

Literatur

[1] *Philippoff, W.*, und *Krüger, H. E.*, Kolloid-Z. **88** (1939) S. 215—223.
[2] *Bredée, H. L.*, und *de Booys, I.*, Kolloid-Z. **96** (1941) S. 24—29.
[3] *Schurz, J.*, Kolloid-Z. **138** (1954) S. 149—155.
[4] *Schurz, J.*, Kolloid-Z. **154** (1957) S. 97—103.
[5] *Schurz, J.*, Kolloid-Z. **155** (1957) S. 45—64.
[6] *Umstätter, H.*, Z. Elektrochemie **54** (1950) S. 374.
[7] *Umstätter, H.*, Strukturmechanik, Dresden und Leipzig: Steinkopff 1948.
[8] *Edelmann, K.*, Faserforsch. u. Textiltechn. **3** (1952) S. 341—344.
[9] *Edelmann, K.*, Faserforsch. u. Textiltechn. **3** (1952) S. 344—349.
[10] *Edelmann, K.*, Faserforsch. u. Textiltechn. **3** (1952) S. 412—417.
[11] *Edelmann, K.*, Faserforsch. u. Textiltechn. **5** (1954) S. 59—64.
[12] *Edelmann, K.*, und *Horn, E.*, Faserforsch. u. Textiltechn. **10** (1959) S. 531—535.
[13] *Edelmann, K.*, und *Horn, E.*, Faserforsch. u. Textiltechn. **12** (1961) S. 190—195.
[14] *Vinogradov, G. V.*, *Konstantinov, A. A.*, *Pakšver, E. A.*, und *Frolova, A. P.*, Chim. Volokna (Chem. Fasern) **5** (1963) S. 33—38.
[15] *Pakšver, E. A.*, *Vinogradov, V. G.*, *Konstantinov, A. A.*, und *Frolova, A. P.*, Chim. Volokna (Chem. Fasern) **5** (1963) S. 38—41.
[16] *Kast, W.*, Kolloid-Z. **187** (1963) S. 89—107.
[17] *Hopkins, T. E.*, und *Whatley, J. W.*, J. appl. Polymer Sci. **6** (1962) S. 600—604.
[18] *Herzog, R. O.*, und *Weißenberg, K.*, Kolloid-Z. **46** (1928) S. 277.
[19] *Rabinowitsch, B.*, Z. phys. Chemie **A 145** (1929) S. 1—29.
[20] *Meißner, J.*, Materialprüfung **5** (1963) S. 107—113.
[21] *Eisenschitz, R.*, *Rabinowitsch, B.*, und *Weißenberg, K.*, Mitt. Dt. Mat.-Prüf.-Anst. Sonderh. 9 (1929) S. 91—94; Zitat bei [20].
[22] *Umstätter, H.*, Einführung in die Viskosimetrie und Rheometrie. Berlin — Göttingen — Heidelberg: Springer 1952, S. 96.
[23] *Edelmann, K.*, und *Horn, E.*, Plaste u. Kautschuk **4** (1957) S. 82—87.
[24] *Schurz, J.*, Kolloid-Z. **148** (1956) S. 76—82.
[25] *Kirschke, K.*, Rheologica Acta, Darmstadt **2** (1962) S. 147—159.
[26] *Wulf, K.*, und *Kapelle, R.*, Faserforsch. u. Textiltechn. **14** (1963) S. 157—165.
[27] *Umstätter, H.*, Einführung in die Viskosimetrie und Rheometrie. Berlin — Göttingen — Heidelberg: Springer 1952, S. 87.
[28] *Treiber, E.*, *Fex, O.*, *Rehnström, J.*, und *Piova, M.*, Svensk Papperstidn. **58** (1955) S. 287—295.
[29] *Treiber, E.*, und *Eriksson, L. E.*, Reyon Zellwolle und andere Chemiefasern **31** (1955) S. 162—163.
[30] *Mikami, T.*, und *Ellefsen, O.*, Norsk Skogindustri **16** (1962) S. 563—568.
[31] *Schurz, J.*, und *Windisch, K.*, Kolloid-Z. **177** (1961) S. 149—153.
[32] *Weber, W.*, und *Fritz, W.*, Rheologica Acta **3** (1963) 1, S. 34—43.
[33] *Schurz, J.*, Rheologica Acta **3** (1963) 1, S. 43—48.

Eingegangen am 1. Oktober 1963

Über die Zersetzungsgeschwindigkeit des Redoxinitiators bei der Polymerisation von Acrylnitril in Lösungen anorganischer Salze

Eva Benická, Milan Benický und Vratislav Hurt
Forschungsinstitut für Chemiefaserstoffe Svit/ČSSR

DK 678.745.32:542.952.6:66.062.1
542.941:542.943:66.097:546.39'226—39:546.33'224—324

Die Zersetzungsgeschwindigkeit des Redoxinitiators Ammoniumperoxydisulfat/Natriumpyrosulfit in einer konzentrierten Mischlösung von $ZnCl_2$ und $CaCl_2$ und die Geschwindigkeit des Polymerisationsablaufs von Acrylnitril in diesen Lösungen und mit diesem Initiatorsystem wurden bestimmt. Ferner wurde der Anteil der an der Polymerisation von Acrylnitril wirksam beteiligten Radikale ermittelt.

О скорости разложения окислительно-восстановительного инициатора при полимеризации акрилонитрила в растворах неорганических солей

Определены скорость разложения окислительно-восстановительного инициатора персульфат аммония — пиросульфит натрия в концентрированном растворе хлоридов цинка и кальция и скорость процесса полимеризации акрилонитрила в этих же растворах при применении вышеупомянутой системы инициатора. Кроме того, установлена доля радикалов, участвующих в полимеризации акрилонитрила.

On the Rate of Decomposition of Redox Initiator in the Polymerisation of Acrylonitrile in Organic Salt Solution

The rate of decomposition of the redox initiator system formed by ammonium peroxydisulphate and sodium pyrosulphite in a concentrated mixed solution of $ZnCl_2$ and $CaCl_2$ as well as the rate of the polymerisation of acrylonitrile initiated by that system in this solution have been determined. Further, the amount of radicals participating effectively in the polymerisation of acrylonitrile has been estimated.

Das Redoxsystem Peroxydisulfat/Pyrosulfit wird häufig als Initiator der Polymerisation verwendet. Für die Polymerisation von Vinylcyanid (Acrylnitril) in Lösungen anorganischer Salze verwendeten dieses System zuerst *Hungar* und *Groebe*; später verließen sie jedoch diese Art der Startreaktion [1, 2]. Mit Erfolg wurde dieses System von *Stoy* u. Mitarb. [3, 4] weiter ausgearbeitet. In anderen Arbeiten [5] wird die Wirkungsweise des angeführten Redoxsystems auf den Polymerisationsablauf und auf die Eigenschaften des Polymers von verschiedenen Standpunkten aus untersucht. Hervorzuheben ist die Vielseitigkeit, mit der man zur Lösung dieser Probleme herangetreten war, doch fehlt vorläufig noch die Festlegung der Zersetzungsgeschwindigkeit des Initiators.

Wir setzten uns in unserer Arbeit zum Ziel, die Zersetzungsgeschwindigkeit des Systems Peroxydisulfat/Pyrosulfit zu ermitteln. Wir wählten dabei ähnliche Bedingungen, unter denen dieses System als Initiator der Polymerisation von Acrylnitril in Lösungen verwendet wird.

Experimenteller Teil

Eine direkte Bestimmung der Konzentration der Redoxinitiatorkomponenten unter den jeweiligen Bedingungen erwies sich als schwer durchführbar. Deshalb wurde eine Methode verwendet, die es ermöglichte, die augenblickliche Konzentration des Initiators auf Grund des Verlaufes der durch ihn ausgelösten Polymerisation von Acrylnitril in Lösungen anorganischer Salze ($ZnCl_2/CaCl_2$) zu bestimmen.

Verwendete Lösungen

Lösung 1. Sie wurde durch Lösen von $ZnCl_2$ (p. a.) in destilliertem Wasser bis zu einer Lösungsdichte von 2,00 zubereitet. Nach Absetzen des Unlöslichen wurde die klare Lösung (24 h später) abgezogen. Die vorhandenen Verunreinigungen wurden mit Hilfe der modifizierten *Dawis*-Methode [6] beseitigt. Zu 1000 ml der zubereiteten klaren Lösung wurden 10 g Kalium-Peroxydisulfat (p. a.) zugesetzt. Nachher wurde die Lösung 60 min lang auf 120 °C erwärmt. Der entstandene Niederschlag — vorderhand Hydrate des Eisen(III)oxyds — wurde einer Dekantation während 24 h überlassen. Die abgezogene klare Lösung wurde noch einmal auf die gleiche Weise behandelt. Nachher wurde die Lösung filtriert (Fritte der Körnigkeit S—3) und noch einer Reduktion mit Metallzink zwecks Beseitigung eventuell vorhandener Spuren von Schwermetallen unterworfen. Zu 1000 ml der Lösung wurden 10 g Zinkstaub zugesetzt. Das Gemisch wurde für 24 h unter zeitweiligem Durchmischen bei Labortemperatur abgestellt, und nachher wurde die Lösung wieder filtriert (Fritte S—3). Auch dieser Arbeitsgang wurde noch einmal wiederholt. Zum Schluß wurde die Dichte der Lösung auf $d_{20} = 1,96$ eingestellt.

Lösung 2. Sie wurde durch Lösen von $CaCl_2$ (p. a.) bis zu einer Lösungsdichte von $d = 1,45$ zubereitet. Die Reinigung erfolgte auf die gleiche Weise wie bei der Lösung 1. Die Dichte der fertigen Lösung wurde auf $d_{20} = 1,41$ eingestellt.

Lösung 3. 4,564 g $(NH_4)_2S_2O_8$ (p. a.) wurden in 10 ml dest. Wasser gelöst und mit der Lösung 1 auf 100 ml aufgefüllt.

Lösung 4. 1,901 g $Na_2S_2O_5$ (p. a.) wurden in 10 ml dest. Wasser gelöst und mit der Lösung 1 auf 100 ml aufgefüllt.

Lösung 5. 10 g Pyrogallol wurden in 40 ml dest. Wasser gelöst und auf ein Volumen von 250 ml mit der Lösung 1 aufgefüllt.

Acrylnitril (Erzeuger: BASF), zweimal destilliert, Fraktion mit dem Siedepunkt oberhalb 73 °C (700 mm Hg).

Salzsäure, destilliert, Konzentration 20%.

Versuchsdurchführung

Die Polymerisation wurde in Reagenzgläsern (Innendurchmesser 15 mm, Länge 16 cm) bei 20 °C ± 0,05 grd (im Thermostaten) vorgenommen. In das Reagenzglas wurde ein Glasstab mit einem Durchmesser von 6 mm hineingestellt, um die Schicht der Polymerisationslösung zwecks Erleichterung der Abführung der Polymerisationswärme zu vermindern.

Die Versuche wurden in drei Versuchsreihen (A, B, C) durchgeführt.

Versuchsreihe A.

Zuerst wurden folgende Mischlösungen zubereitet:

1. $ZnCl_2$-Lösung (Lösung 1) und $CaCl_2$-Lösung (Lösung 2) im Volumverhältnis 1:1 — Lösungsmittel.
2. Mischlösungen aus 1 bis 7 ml der $(NH_4)_2S_2O_8$-Lösung (Lösung 3), auf 7 ml mit der $ZnCl_2$-Lösung (Lösung 1) aufgefüllt.

Tabelle 1. Einfluß der Initiatorkonzentration auf den Umsatz (Polymerisation) von Acrylnitril

Nr.	$(NH_4)_2S_2O_8$-Konzentration			Umsatz	
	ml der Lösung 3	Mole · 10^4	Mol/l · 10^3	%	Mol/l
1	1	2	2,247	0	0
2	2	4	4,494	0	0
3	3	6	6,741	Spuren	Spuren
4	4	8	8,989	4,79	0,1220
5	5	10	11,236	8,75	0,2229
6	6	12	13,483	19,64	0,5004
7	7	14	15,730	19,78	0,5040

3. Mischlösungen aus 1 bis 7 ml der $Na_2S_2O_5$-Lösung (Lösung 4) auf 7 ml mit der $ZnCl_2$-Lösung (Lösung 1) aufgefüllt.

In Bechergläser wurden jeweils 60 ml des Lösungsmittels, weiter 0,5 ml HCl (20%) und schließlich 7 ml der Mischlösung von Natriumpyrosulfit eingetragen. Das Gemisch wurde rasch auf 20°C abgekühlt (Abführung der Mischungswärme) und auf einmal mit 15 ml Acrylnitril und 7 ml der Mischlösung von Ammoniumperoxydisulfat versetzt (Zeitpunkt: 0 min).

Unmittelbar nachher wurde gut durchgemischt, das Reaktionsgemisch wurde in Reagenzgläser eingetragen und im Thermostaten bei 20°C für 7 min der Polymerisation überlassen. Nachher wurde im Laufe von 30 s die Polymerisation unterbrochen, indem die Proben der Polymerlösung aus den Reagenzgläsern in Wägegläser übertragen und rasch mit 6 ml der Pyrogallollösung vermischt wurden.

Nach einer Differenzwägung der Polymerlösung wurde der Inhalt des Wägeglases in ein Becherglas mit 500 ml dest. Wasser, angesäuert mit 1 ml HCl (Schutz gegen die Hydrolyse des $ZnCl_2$) übertragen. Das Polymer schied sich dabei in Abhängigkeit vom Umsetzungsgrad in Form einer Trübung, in Form von Flocken oder faserartiger Gebilde ab. Nachher wurde das Polymer mit Hilfe von Glasfritten (S—3) abfiltriert und nach einem Auswaschen mit 200 ml dest. Wasser bis zu Gewichtskonstanz bei 60°C getrocknet.

Die jeweiligen Konzentrationen des Initiators und die dazu entsprechenden Umsätze nach 7 min Reaktionszeit sind in der Tabelle 1 zusammengestellt und im Bild 1 graphisch dargestellt.

Versuchsreihe B.

Bei dieser Versuchsreihe wurde zuerst im Zeitpunkt 0 min folgende Mischlösung zubereitet:

480 g eines Gemisches der $ZnCl_2$- und $CaCl_2$-Lösungen (Lösungen 1 und 2 im Volumverhältnis 1:1),

4 ml HCl (20%),

56 ml der $(NH_4)_2S_2O_8$-Lösung,

56 ml der $Na_2S_2O_5$-Lösung.

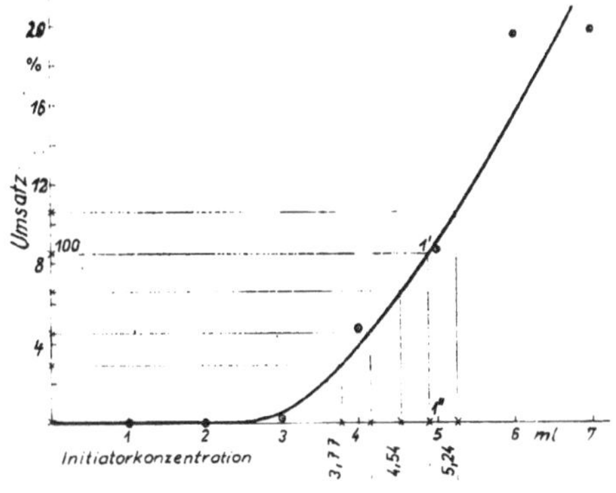

Bild 1. Abhängigkeit des Umsatzes (bei der Polymerisation von Acrylnitril) von der Initiatorkonzentration

Tabelle 2. Einfluß der Zersetzungszeit des Initiators auf den Umsatz von Acrylnitril

Nr.	t_Z min	Umsatz	
		%	Mol/l
1	10	15,38	0,3919
2	25	18,14	0,4622
3	40	12,66	0,3226
4	60	12,14	0,3598
5	80	10,54	0,2685
6	100	8,49	0,2163
7	120	6,55	0,1669
8	150	4,52	0,1152
9	180	2,87	0,0731
10	240	0,00	0,0000

t_Z ··· Zersetzungszeit des Initiators (nach dem Vermischen seiner Komponenten)

Das Gemisch wurde im Thermostaten bei 20°C untergebracht. In bestimmten Zeitabschnitten wurden aus dem Gemisch je 74,5 ml in Bechergläser übertragen und mit je 15 ml Acrylnitril versetzt. Die Mischverhältnisse waren hier die gleichen wie bei der vorherigen Versuchsreihe. Nach der Homogenisierung wurde das Gemisch in Reagenzgläser gegossen und der Polymerisation 7 min lang überlassen. Die weitere Versuchsdurchführung ist die gleiche wie bei der Versuchsreihe A. Die einzelnen Zeiten der Probenahme aus dem Reaktionsgemisch und der Polymerisationsgrad sind in der Tabelle 2 angeführt und im Bild 2 graphisch dargestellt.

Versuchsreihe C.

Die Polymerisation wurde auf ähnliche Weise durchgeführt wie bei der Versuchsreihe *A*, nur mit dem Unterschied, daß

1. bei der Polymerisation stets je 5 ml der beiden Initiatorkomponentenlösungen verwendet wurden und das Gemisch mit je 4 ml der $ZnCl_2$-Lösung (Lösung 1) auf das gleiche Volumen wie bei der Versuchsreihe *A* ergänzt wurde;

2. die Polymerisation in unterschiedlichen Zeitabständen nach ihrem Start unterbrochen wurde.

Die Zeit der Unterbrechung der Polymerisation, den ihr entsprechenden Umsatz und das Molekulargewicht des Polymers sind in der Tabelle 3 zusammengestellt und graphisch im Bild 3 dargestellt. Die Bestimmung der relativen Viskosität wurde in einer 0,5%-igen Lösung von Polyacrylnitril in Dimethylformamid mit Hilfe eines *Ubbelohde*-Viskosimeters (Schott, Jena, Kapillare I, $k = 0{,}0100$) bei einer

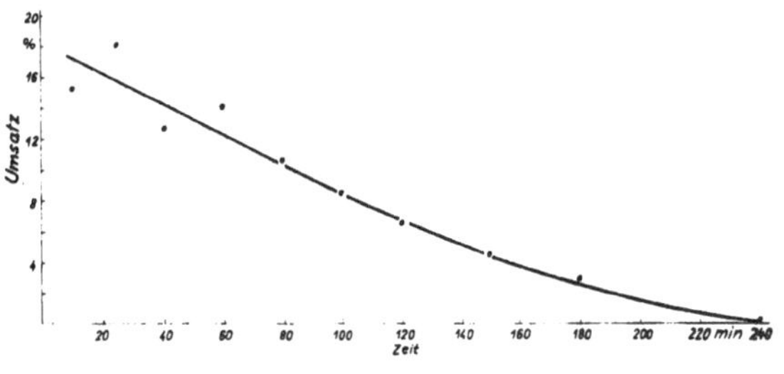

Bild 2. Abhängigkeit des Umsatzes von der Zersetzungszeit des angewandten Initiators

Tabelle 3. Abhängigkeit des Umsatzes von der Polymerisationszeit des Acrylnitrils

Nr.	t_p min	Umsatz %	Umsatz Mol/l	Molekulargewicht
1	2	0	0	—
2	3	0	0	—
3	4	Spuren	Spuren	—
4	5	1,15	0,0293	—
5	6	5,59	0,1424	—
6	7	8,81	0,2245	—
7	8	12,35	0,3147	—
8	9	14,50	0,3694	—
9	10	19,81	0,5047	—
10	12	31,04	0,7909	346000
11	14	38,22	0,9738	355000

t_p ··· Zeitdauer der Polymerisation

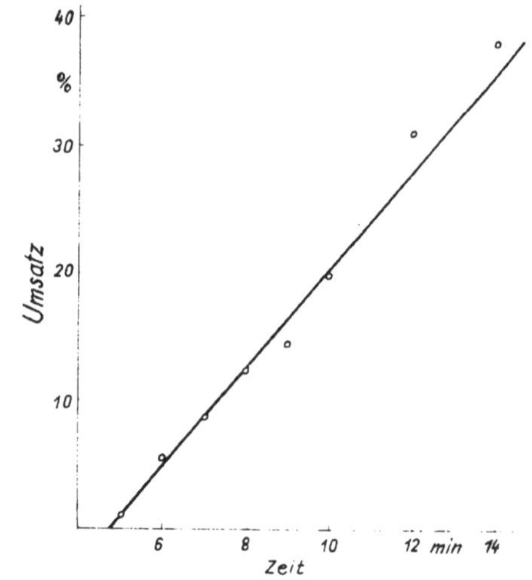

Bild 3. Zeitlicher Verlauf der Polymerisation (des Umsatzes in %) von Acrylnitril

Temperatur von 20 °C ± 0,01 grd durchgeführt. Zur Berechnung des Molekulargewichtes diente die modifizierte Gleichung nach *Staudinger*:

$$M = \frac{\eta_{sp}}{c K}.$$

Hierin bedeuten:

c . . . die molare Konzentration des Polyacrylnitrils, $K = 1{,}5 \cdot 10^{-4}$.

Der Monomergehalt im Reaktionsgemisch entspricht in allen Versuchsreihen der Konzentration 2,548 Mol/l. Dieser Wert wurde errechnet unter der Voraussetzung, daß nach dem Vermischen der Grundmengen aller Komponenten des Reaktionsgemisches (in der Versuchsreihe *A*) eine Volumenkontraktion von 0,5 ml eintritt, d. h. daß sich das Gesamtvolumen auf 89 ml vermindert.

Die Konzentration des Initiators wurde in allen Versuchsreihen auf das gleiche Volumen berechnet, obzwar seine Zersetzungsgeschwindigkeit in den Salzlösungen (Versuchsreihe *B*) noch vor der Zugabe des Monomers verfolgt wurde. Durch diese Art der Konzentrationsangabe wird der Wert der Geschwindigkeitskonstante der Initiatorzersetzung nicht beeinflußt (Reaktion 1. Ordnung — siehe Diskussion); auf diese Weise werden die Auswertung und der Vergleich der Ergebnisse der Versuchsreihen A und C erleichtert.

In den Tabellen werden nur die Konzentrationen des $(NH_4)_2S_2O_8$ angeführt; die (molare) Konzentration des $Na_2S_2O_5$ ist halb so groß.

In den graphischen Darstellungen ist einfachheitshalber die Konzentration des Initiators in Volummengen (ml) seiner Grundlösungen (Lösungen 3 und 4), die in das Reaktionsgemisch eingetragen werden, ausgedrückt (Versuchsreihen A und C), oder beim zersetzten Indikator (Versuchsreihe B) durch das effektive Volumen der Lösung der gleichen Konzentration, welche die ursprüngliche Lösung zeigte.

Der Umsatz (die Menge des entstandenen Polymers) wird in den graphischen Darstellungen in Prozenten, bezogen auf das zugefügte Ausgangsmonomer, ausgedrückt.

Diskussion

Der Zerfall des Redoxinitiators — unter der Voraussetzung, daß das Pyrosulfit im mäßig sauren Medium als Sulfit reagiert — läßt sich schematisch durch folgende Gleichungen ausdrücken:

$$2\ S_2O_8^{2-} + SO_3^{2-} \rightarrow 2 \cdot SO_4^- + 3\ SO_4^{2-}$$

$$2 \cdot SO_4^- \ + SO_3^{2-} \rightarrow 3\ \ SO_4^{2-}$$

$$\cdot SO_4^- \ + \text{Monomer} \rightarrow \cdot R.$$

Zur Ausarbeitung der Methode für die Bestimmung der Zersetzungsgeschwindigkeit des Redoxinitiators führten folgende Betrachtungen:

Die Polymerisation verläuft mit einer Geschwindigkeit, die von der Menge des verwendeten Initiators abhängig ist. Wird die Polymerisation unter den gleichen Bedingungen einmal mit einer bestimmten und bekannten Menge des Initiators durchgeführt, und einmal mit dem zum Teil zersetzten Initiator (in der Zeit t_z nach dem Vermischen seiner einzelnen Komponenten), kann man voraussetzen, daß der Verlauf der Polymerisation nur bei dem gleichen effektiven Gehalt an Initiator der gleiche sein wird. Aus dem Vergleich der Umsätze bei den Versuchen mit einem bestimmten und bekannten Initiatorgehalt (Versuchsreihe *A*, Tabelle 1) mit den Umsätzen bei den Versuchen, bei denen ein zum Teil zersetztes Gemisch der Initiatorkomponenten verwendet wurde, läßt sich der Verlauf der spontanen Zersetzung des Initiators bestimmen.

Die Zersetzungsgeschwindigkeit des Initiators wurde an Hand der graphischen Darstellungen (Bild 1 und 2) ermittelt. Die Auswertung wurde auf folgende Weise durchgeführt:

Auf die Ordinatenachse des Diagrammes 1 wurden die Umsatzwerte, die den bestimmten Zeiten der Initiatorzersetzung laut Diagramm 2 entsprechen, aufgetragen. Die Punkte auf der Ordinatenachse wurden parallel zur Abszissenachse auf die Umsatzkurve übertragen und hiervon senkrecht auf die Abszissenachse. Die so erhaltenen Abszissen stellen den effektiven Gehalt beider Komponenten des Initiators in den untersuchten Lösungen dar.

Nachstehend soll die Konstruktion des Kurvenpunktes, der dem Redoxinitiatorgehalt im Gemisch beider Komponenten nach 100 min langem Stehen entspricht, beschrieben werden; Anfangsgehalt 0,0014 Mole Peroxydisulfat und 0,0007 Mole Pyrosulfit (weiter nur in ml der Initiatorlösung ausgedrückt).

Die Ordinate des Diagrammes 2, die dem Umsatz bei der durch den Initiator, 100 min nach der Vermischung gestarteten Polymerisation entspricht, wird auf die

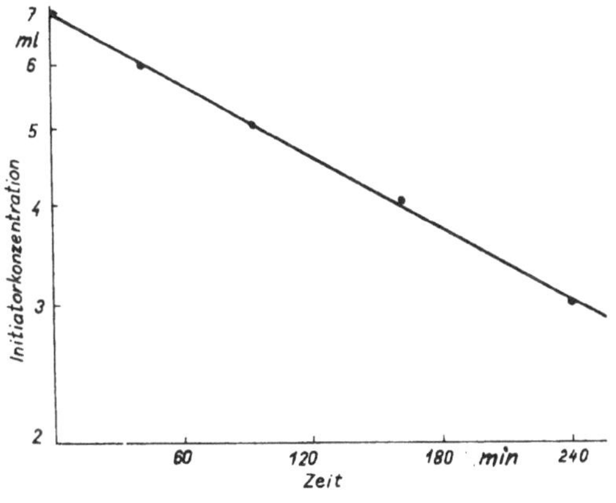

Bild 4. Abhängigkeit der Initiatorkonzentration von seiner Zersetzungszeit (semilogarithmisches Koordinatensystem)

Ordinatenachse des Diagrammes 1 aufgetragen (Punkt 100). Die von diesem Punkt parallel zur Abszissenachse gezogene Gerade schneidet die Kurve im Punkt 1', der, senkrecht auf die Abszissenachse übertragen, den Punkt 1'' ergibt. Der Punkt 1'' stellt somit die wirksame Initiatormenge, ausgedrückt in ml der Lösung von der ursprünglichen Konzentration, dar. Nach Überführung der auf diese Weise ermittelten Werte in die Form $\log(a-x)$ und nach Auftragen dieser Werte im Verhältnis zur Zersetzungszeit des Initiators erhält man ein Diagramm (Bild 4), aus dem sich die Kinetik der Initiatorzersetzung anhand der üblichen kinetischen Gleichungen auswerten läßt.

Um Fehler auszuschließen, wurden bei der Gesamtauswertung der Versuchsergebnisse nur jene Umsatzwerte in Betracht gezogen (Polymerisationszeit 7 min), die bei einem niedrigeren Initiatorgehalt ermittelt wurden. Bei höheren Konzentrationen ist eine größere Streuung der Ergebnisse zu vermerken, und zwar infolge der höheren Viskositäten der Lösungen des entstandenen Polymers (rascher Verlauf der Polymerisation); dies erschwert eine schnelle Durchführung der Probenahme und infolgedessen eine augenblickliche Unterbrechung der Polymerisation durch Behandlung des Reaktionsgemisches mit der Pyrogallollösung.

Die Ergebnisse können zum Teil durch die vorgenommene Interpolation der Werte bei der Kurvenkonstruktion im Diagramm 1 beeinflußt werden, was jedoch nicht zu vermeiden ist. Als Bestätigung der Zuverlässigkeit der Ergebnisse dient jedoch die Tatsache, daß der laut Diagramm 4 extrapolierte Wert für die Zersetzungszeit des Initiators 0 min tatsächlich der Menge von 7 ml Lösung entspricht, d. h. der Ausgangsmenge.

Die lineare Abhängigkeit der Werte $\log(a-x)$ von der Zersetzungszeit (t_Z) (Bild 4) weist trotz aller Erwartungen darauf hin, daß die Reaktion nach der kinetischen Gleichung für Reaktionen 1. Ordnung abläuft. Um diese Schlußfolgerung ziehen zu können, muß das vorher Gesagte im Zusammenhang mit der Interpolation der Werte im Diagramm 1 berücksichtigt werden.

Setzt man die experimentell ermittelten Werte in die kinetische Gleichung für Reaktionen 1. Ordnung

$$k = \frac{2{,}3}{t_Z} \log \frac{a}{(a-x)} \qquad (1)$$

ein, erhält man für die Reaktionsgeschwindigkeitskonstante den Wert

$$k = 5{,}928 \cdot 10^{-5}\ \mathrm{s}^{-1}.$$

Die für die Berechnung der Konstante erforderlichen Zahlenwerte sind in Tabelle 4 zusammengestellt.

Die Ergebnisse, wie sie in Tabelle 4 angeführt sind, wurden mit der Geschwindigkeitskonstante, berechnet aus der bekannten Halbzeit der Zersetzung, laut der modifizierten Formel

$$k = \frac{0{,}693}{t} \qquad (2)$$

verglichen.

Durch Einsetzen für $t = 12120$ s (202 min) in die Formel (2) — der Wert $t = 202$ min wurde aus dem Diagramm 4 entnommen — erhält man

$$k = 5{,}718 \cdot 10^{-5}\ \mathrm{s}^{-1}.$$

Dieser Wert steht in guter Übereinstimmung mit der Konstante, wie sie an Hand der kinetischen Grundgleichung abgeleitet wurde.

Bei der Zersetzung des Initiators kann man also annehmen, daß es sich um eine Reaktion 1. Ordnung handelt, deren Geschwindigkeitskonstante von der Konzentration des reagierenden Stoffes (bzw. der reagierenden Stoffe) und somit von der Art der Konzentrationsangabe unabhängig ist. Infolgedessen ist die angewandte Art für die Konzentrationsangabe der Initiatorkomponenten (im experimentellen Teil) und die Möglichkeit, die Angaben über die Gesamtkonzentration durch Zahlenwerte für die Konzentration nur einer Komponente zu ersetzen, genügend begründet.

Die Ergebnisse aus der Versuchsreihe C dienten zur Berechnung der Geschwindigkeitskonstante des Polymerisationsablaufes von Acrylnitril im angeführten Medium bei 20°C. Bei der Berechnung wurden nur die Ergebnisse der Polymerisation bei niedrigen Umsätzen herangezogen, um auf diese Weise Fehler zu vermeiden, die sich aus der schwierigen Bearbeitung und Aus-

Tabelle 4. Zusammenstellung der Daten für die Berechnung der Zersetzungskonstante des Redoxinitiators

Nr.	1	2	3	4	5	6
t_Z [s]	0	4800	6000	7200	9000	10800
$2{,}3 \cdot 10^4/t_Z$	—	4,731	3,835	3,194	2,555	2,129
x [ml]	0	1,76	2,13	2,46	2,85	3,23
x [Mol/l · 10^3]	0	3,955	4,786	5,528	6,404	7,258
$a-x$ [ml]	7	5,24	4,87	4,54	4,15	3,77
$a-x$ [Mol/l · 10^3]	15,730	11,77	10,94	10,202	9,326	8,472
$a/(a-x)$	1	1,336	1,437	1,542	1,687	1,857
$\log a/(a-x)$	0	0,126	0,158	0,189	0,227	0,269
$k' \cdot 10^3$		6,027	6,035	6,052	5,803	5,723
k	$5{,}928 \cdot 10^{-5}\ \mathrm{s}^{-1}$					

wertung von viskosen Lösungen ergeben könnten. Dabei wurden folgende vereinfachende Voraussetzungen angenommen:

Die Anfangskonzentration des Initiators (System Peroxydisulfat/Pyrosulfit) ändert sich im verfolgten kurzen Zeitabschnitt nicht.

Bei der Berechnung wird nur die Konzentration des Ammoniumperoxydisulfats ($[I] = 0{,}01123$ Mol/l) in Betracht genommen; aus jedem Molekül Peroxydisulfat soll ein Radikal entstehen.

Die Zeitdauer der Startperiode wird nicht berücksichtigt, d. h. zur Auswertung wird die Steigung der Geraden, durch welche die Polymerisation veranschaulicht wird, herangezogen (Bild 3; eine annähernd lineare Abhängigkeit gilt für niedrige Umsätze).

Nach Einsetzen des aus Bild 3 entnommenen Wertes für die Konversion $\Delta[M] = 0{,}488$ Mol/l (19,16%) in der Zeit von 5 bis 10 min in die allgemeine Gleichung für die durch den Initiator gestartete Polymerisation

$$\frac{2}{[M]^{1/2}} = k[I]^{1/2}\,t + \frac{2}{[M_0]^{1/2}} \tag{3}$$

erhält man den Wert für die Geschwindigkeitskonstante der Polymerisation von Acrylnitril in konzentrierten Lösungen anorganischer Salze; er beträgt bei 20 °C

$$k = 4{,}42 \cdot 10^{-3}\ \mathrm{Mol}^{-1} \cdot l \cdot s^{-1}.$$

Aus dem Vergleich der Reaktionsgeschwindigkeit der Initiatorzersetzung mit der Polymerisationsgeschwindigkeit läßt sich der Anteil der an der Polymerisation wirksam beteiligten Radikale (A) aus der Gesamtmenge der durch die Zersetzung des Initiators entstandenen Radikale bestimmen.

Bei der Berechnung wurden folgende vereinfachende Voraussetzungen angenommen:

Reaktionen der Übertragung des Reaktionszentrums wurden vernachlässigt.

Es wurde weiter vorausgesetzt, daß sich der Initiator nach dem Vermischen seiner Komponenten spontan zersetzt, wobei die Zersetzungsgeschwindigkeit von der Anwesenheit des Monomers und des Polymers unabhängig ist.

Unter den angeführten Voraussetzungen gilt für den wirksamen Anteil (A) des Initiators die Beziehung

$$A \cdot [I] = \frac{\Delta[M]}{P}, \tag{4}$$

wobei P = Polymerisationsgrad.

Bei der Berechnung wurde mit einem Zeitintervall von 5 bis 10 min nach der Vermischung der Initiatorkomponenten oder nach ihrem Zusatz in das Polymerisationsgemisch gerechnet. Für diesen Zeitabschnitt kann die Änderung der Ausgangskonzentration des Initiators vernachlässigt werden.

Durch Einsetzen des Wertes $\Delta[I] = 1{,}976 \cdot 10^{-4}$ Mol/l, errechnet aus der Gleichung (1) ($\Delta[I] = x$) und der direkt bestimmten Werte $\Delta[M] = 0{,}488$ Mol/l (19,16%, Bild 3) und $P \simeq 6620$ (Molekulargewicht 351000; Tabelle 3) in die Gleichung (4) erhält man den Wert $A = 0{,}373$, d. h. der Anteil des zur Auswirkung gelangten Initiators beträgt 37,3%.

Dieser Wert ist überraschend groß, wenngleich man ihn mit Rücksicht auf die Vernachlässigung der Übertragungsreaktionen mit gewissem Vorbehalt aufnehmen sollte.

Die Erkenntnis, daß die Zersetzungsgeschwindigkeit des Initiators im Vergleich zur Polymerisationsgeschwindigkeit verhältnismäßig klein ist, ist — vom praktischen Standpunkt gesehen — von großer Bedeutung. Man kann also während des ganzen Polymerisationsablaufes mit einer gleichbleibenden Konzentration des Initiators rechnen.

Zusammenfassung

1. Es wurden Methoden zur Bestimmung der Zersetzung des Redoxinitiators und zur Bestimmung des Anteils der an der Polymerisation sich wirksam betätigenden Radikale ausgearbeitet.
2. Es wurde die Zersetzungsgeschwindigkeitskonstante des Redoxinitiators Ammoniumperoxydisulfat/Natriumpyrosulfit in einer konzentrierten Mischlösung von $ZnCl_2$ und $CaCl_2$ bei 20 °C bestimmt; sie beträgt $k = 5{,}928 \cdot 10^{-5}\ s^{-1}$.
3. Es wurde die Gesamtgeschwindigkeitskonstante des Polymerisationsablaufes von Acrylnitril bei 20 °C in Lösungen der vorher angeführten anorganischen Salze unter Anwendung des Redoxsystems als Initiator der Polymerisation bestimmt; sie beträgt $k = 4{,}42 \cdot 10^{-3}\ \mathrm{Mol}^{-1} \cdot l \cdot s^{-1}$.
4. Es wurde der Anteil der an der Polymerisation von Acrylnitril wirksam beteiligten Radikale aus der Gesamtmenge der durch die Zersetzung des Redoxsystems entstandenen Radikale ermittelt; er beträgt $A = 37{,}3\%$.

Literatur

[1] *Hunyar, A.*, und *Gröbe, V.*, Faserforsch. u. Textiltechnik **6** (1955) 12, S. 548.

[2] DDR-Pat. 17465.

[3] *Stoy, A.*, Kollektion wissenschaftlicher Arbeiten, Technische Hochschule für chemische Technologie, Pardubice/ČSSR 1959.

[4] ČSSR-Pat. 98049.

[5] *Benický, M.*, und *Hurt V.*, Chem. Vlákna **12** (1962) 2, S. 61.

[6] US-Pat. 2746840.

Eingegangen am 23. September 1963

Faserforschung und Textiltechnik 15 (1964) Heft 3

Studien über die chemische Zusammensetzung der Baumwollfasern verschiedener Anbaugebiete[1)]

Günther von Hornuff und Harald Richter
Technische Universität Dresden, Institut für Textilchemie

In memoriam Prof. Dr.-Ing. habil. Dr. rer. nat. h. c. Walter König

DK 677.21:543.061

Die chemische Zusammensetzung einer amerikanischen, einer ägyptischen und zweier sowjetischer Baumwollsorten werden verglichen. Hierzu werden die Baumwollbegleitstoffe Wachs, Pektin, Proteine, Phosphorverbindungen usw. bestimmt. Neben den reinen analytischen Daten der schon im wesentlichen an ägyptischen und amerikanischen Baumwollsorten erforschten Begleitstoffe (Wachs, Pektin) wird Gewicht auf die weniger erforschten Bestandteile, u. a. die Proteine, die Zuckerbestandteile und die freien Aminosäuren, gelegt. Diese Bestandteile werden qualitativ eingehend untersucht. Die Ergebnisse der qualitativen Analyse und der quantitativen Bestimmungen der einzelnen Komponenten gestatten eine vergleichende Betrachtung über die chemische Zusammensetzung der Baumwollen aus verschiedenen Anbaugebieten.

К вопросу о химическом составе хлопковых волокон различного происхождения

Проведено сравнение химического состава американского, египетского и двух советских сортов хлопка. При этом было определено содержание сопутствующих веществ, а именно восков, пектина, протеинов, соединений фосфора и т. д. Кроме чисто аналитических данных сопутствующих веществ (восков, пектина), состав которых уже был изучен на американских и египетских сортах хлопка, особое внимание было уделено менее изученным составным частям, как-то протеинам, сахаридам и свободным аминокислотам. С этой целью было проведено подробное качественное исследование перечисленных примесей. Качественный анализ и количественное определение отдельных компонентов дали возможность провести сравнительное рассмотрение химического состава хлопка различного происхождения.

Studies on the Chemical Composition of Cotton Fibres of Various Proveniences

The chemical composition of one American, one Egyptian cotton and two Sovjetic cottons are compared. For that purpose, the non-cellulosic constituents, as wax, proteins, pectine and phosphor compounds etc. have been determined. In addition to the analytical data of non-cellulosic constituents of american and egyptian cottons already substantially investigated (wax, pectine), stress is laid on the constituents, as proteins, sugars and free amino acids, from which little is known up to now. A detailled qualitative investigation of these constituents has been performed. The results obtained by qualitative analysis and quantitative determination of the constituents permit comparative considerations on the chemical composition of cottons of various proveniences.

1 Einleitung

Die Baumwollproduktion der Sowjetunion wurde in den letzten Jahrzehnten in den Gebieten von Zentralasien und Transkaukasien so gesteigert, daß sie heute nach neueren Statistiken [1] den zweiten Platz hinter den USA einnimmt:

USA	45,3%
Sowjetunion	12,4%
Indien	9,6%
China und Mandschurei	5,5%
Brasilien	3,8%
Ägypten	3,8%
Mexiko	3,3%
Pakistan	3,1%
übrige Länder	13,2%

Auf Grund der hohen Produktion ist es auch möglich, praktisch den gesamten Bedarf der baumwollverarbeitenden Industrie der Deutschen Demokratischen Republik mit sowjetischer Baumwolle zu befriedigen.

Leider treten aber mitunter, nach Äußerungen aus Kreisen der Textilveredler, bei der Veredlung von sowjetischer Baumwolle selbst in den grundlegenden Veredlungsprozessen (Beuchen, Bleichen, Färben) Schwierigkeiten auf. Eine Erklärung dieser Erscheinung kann nicht gegeben werden, weil mit Ausnahme von Arbeiten aus den 30er Jahren noch nicht einmal die genaue chemische Zusammensetzung der heute im großen Umfang angebauten Baumwollsorten aus der Sowjetunion bekannt ist.

Es wird deshalb lediglich vermutet, daß für die eventuellen Schwierigkeiten bei der Veredlung von sowjetischer Baumwolle weniger bekannte und erforschte Begleitsubstanzen verantwortlich zu machen sind oder daß sie durch starke Abweichungen in der relativen Zusammensetzung bekannter Begleitstoffe hervorgerufen werden.

1) Auszug aus der Dissertation von *H. Richter*, T. U. Dresden, Fakultät für Mathematik und Naturwissenschaften vom 8. 7. 1963.

2 Untersuchungsmaterial

Für die vergleichenden chemischen Untersuchungen standen die in Tabelle 1 aufgeführten Rohbaumwollen von unterschiedlicher Qualität und verschiedenen Anbaugebieten zur Verfügung.

Von keiner Sorte ist das Erntejahr und die nähere Bezeichnung des Anbaugebietes bekannt. Geliefert wurden die Fasern im Jahre 1959.

Tabelle 1. Micronairewerte, Reifezahlen und Reifegrade verschiedener kommerzieller Rohbaumwollen

	Micronaire-wert	Reife-zahl [2]	Anzahl völlig reifer Fasern in % [2]
Sowjetische Baumwolle 1. Sorte 1 CA	5,0	2,645	80,3
Sowjetische Baumwolle 6. Sorte	nicht meßbar, unter 3,2	1,912	47,0
Ägyptische Baumwolle Karnak-Kedib fg + 1/4	3,7	2,627	79,5
Amerikanische Baumwolle Upland Texas, Klasse: strict middling	4,45	2,480	72,5

Von jeder Sorte waren jeweils 5 kg als Flocke vorhanden. Sie wurden zwecks weitgehender Reinigung von mechanisch anhaftenden Verunreinigungen auf einer Textima-Krempel kardiert.

3 Die quantitative chemische Zusammensetzung der Baumwollfaser

Der morphologische Aufbau der Baumwollfaser wird, soweit er zum Verständnis notwendiger Zusammenhänge nötig ist, kurz in den folgenden Kapiteln über die Baumwollbegleitstoffe im einzelnen beschrieben werden, an dieser Stelle werden Zahlen gebracht und diskutiert, die die quantitative chemische Zusammensetzung in bezug auf die gesamte Faser, d. h. ohne Berücksichtigung der einzelnen Strukturelemente (Primärwand, Sekundärwand, Lumen) beschreiben. Denn diese Zahlenangaben sind einmal vom wissenschaftlichen Standpunkt sehr interessant und andererseits auch für die Verarbeiter der Baumwollfasern sehr aufschlußreich, weil oftmals ein schlechtes Ergebnis in den grundlegenden Operationen der Veredlung, wie z. B. der Beuche oder Bleiche, durch Nachweis und Bestimmung der entsprechenden Begleitstoffe der Baumwollfaser erklärt werden kann. So wurde gefunden [3 bis 7], daß die gelbe Farbe von schlecht gebleichter Baumwolle mit dem Proteingehalt, d. h. also mit dem Stickstoffgehalt der Faser im Zusammenhang steht. Ähnliche Beispiele lassen sich mit anderen Begleitstoffen angeben. Zum Beispiel ist sehr viel in der Literatur über das Baumwollwachs, seine Konstitution, seine Eigenschaften und seine Bestimmungsmöglichkeiten berichtet worden. Im einzelnen werden die dabei erzielten Ergebnisse im Kapitel „Wachs der Baumwollfaser" diskutiert werden, an dieser Stelle sei aber zur weiteren Erläuterung des oben Gesagten berichtet, daß das Baumwollwachs wichtig für das Verspinnen der Fasern ist, auf der anderen Seite die Faser hydrophobiert und damit Bleich- und Färbevorgänge ohne seine Entfernung stark behindert oder eventuell gar unmöglich macht. Man sieht, daß auch in dieser praktischen Frage die Bestimmung des Baumwollwachses von großer Bedeutung ist. Abschließend sei erwähnt, daß die ganze Entwicklung der Bestimmung der Baumwollfaserbegleitstoffe dadurch begünstigt wurde, daß es möglich ist, mit relativ einfacher Arbeitsmethodik die Quantitäten der einzelnen Begleitstoffe zu bestimmen.

Turner [8] gibt in einer 1949 erschienenen Arbeit folgende Zusammensetzung für Baumwolle an:

Cellulose	82,7%
Hemicellulosen und Pektin	5,7%
Wachs	0,6%
Wasser	10,0%
Wasserlösliches	1,0%

Wesentlich umfangreichere Tabellen haben *E. R. McCall* und *J. F. Jurgens* [9] über verschiedene nordamerikanische Baumwollsorten veröffentlicht. Einen Auszug daraus ist in Tabelle 2 wiedergegeben.

Über sowjetische Baumwollen sind keine ausführlichen Berichte mit gleicher Zielsetzung veröffentlicht. *Kursanov* und *Vyskrebenceva* [10] haben zwar bei der Erforschung der Baumwollfaserzusammensetzung und deren Veränderung im Zusammenhang mit der Cellulosesynthese ebenfalls sehr viele Baumwollbegleitstoffe quantitativ bestimmt, für unsere Betrachtungen sind sie aber leider weniger von Bedeutung. Es müssen von unserem Standpunkt aus die untersuchten 15, 25 und auch 40 Tage alten Baumwollfasern (gerechnet vom Zeitpunkt der Befruchtung an) als unreife Fasern angesehen werden. Bekanntlich öffnet sich im Durchschnitt die Kapsel des Baumwollstrauches erst nach 50 Tagen, gerechnet vom Tage der Befruchtung an, und solche Fasern können erst als vollentwickelt und reif gelten. Es fehlen also nach wie vor quantitative Analysen von sowjetischer Baumwolle, so wie sie von amerikanischen und ägyptischen Baumwollen vorhanden sind, die sich auf die neuesten Erkenntnisse der Baumwollfaserforschung, der neuen chemisch-analytischen Methoden und vor allem auf die jetzt im großen Ausmaß angebauten Baumwollsorten in der Sowjetunion beziehen. Veröffentlicht sind Arbeiten, die für diese Untersuchungen in Betracht kommen, nur von *V. G. Šapošnikov* und *V. M. Tiševinskij* aus dem Jahre 1936 [11], die die quantitative Zusammensetzung von 20 Baumwollproben der verschiedenen sowjetischen Anbaugebiete in bezug auf Feuchtigkeit, Pentosane, Wachs, Eiweiß und Asche bestimmt haben. Die Mittelwerte dieser Ergebnisse sind in Tabelle 3 wiedergegeben.

Tabelle 2. Die chemische Zusammensetzung verschiedener nordamerikanischer Baumwollen (bezogen auf ihr Trockengewicht) nach E. R. McCall und J. F. Jurgens [9]

Amerikanische Baumwolle Sorte		Empire	Stone-ville 2 B	unbekannt (reife Bw.)	unbekannt (unreife Bw.)
Cellulose	[%]	95,30	95,58	96,41	92,44
Gesamtzucker	[%]	0,07	0,18	0,17	0,13
Reduz. Zucker	[%]	0,01	0,04	0,02	0,03
Gesamtstickstoff	[%]	0,17	0,18	0,16	0,32
Protein	[%]	1,06	1,13	1,00	2,00
Wachs	[%]	0,73	0,69	0,45	1,14
Asche	[%]	0,86	1,00	0,79	1,32
Organische Säuren+		8,20	7,88	5,77	14,56
Maleinsäure+		2,80	3,24	1,66	6,08
Zitronensäure+		0,66	0,74	0,58	1,49
Pektin+		5,6	4,8	3,2	7,0

+ Milliäqualent pro 100 g

Eine ähnliche Arbeit aus dem Jahre 1938 über ukrainische Baumwolle ist von *Vadimovič* [12] bekannt. In ihr wird angegeben, daß ukrainische Baumwolle der 1. Qualität durchschnittlich doppelt so viel Wachs enthält wie zentralasiatische oder transkaukasische der gleichen Qualität. Der Betrag an Pentosanen liegt ebenfalls etwas höher, dagegen sind alle anderen Begleitstoffe, die analytisch bestimmt wurden, in der gleichen Größenordnung in den genannten Baumwollsorten vorhanden.

Ein direkter Vergleich der in Tabelle 2 und 3 zitierten Werte für die einzelnen Begleitstoffe ist nicht möglich. Unterschiedliche Werte zwischen Sorten aus der Sowjetunion und Ägypten oder Nordamerika sind oftmals durch die Anwendung verschiedener Analysenmethoden für ein und denselben Baumwollfaserbegleitstoff bedingt. Es ist deshalb nicht berechtigt, ein eventuell andersartiges Verhalten der sowjetischen Baumwolle bei der chemischen Veredlung aus den oben aufgeführten Werten zu erklären.

Über die verschiedenen Werte für ein und denselben Baumwollfaserbegleitstoff, die man bei der Anwendung verschie-

Tabelle 3. Die chemische Zusammensetzung sowjetischer Baumwollen aus verschiedenen Anbaugebieten nach V. G. Šapošnikov und V. M. Tiševinskij [11]

		Baumwolle aus		
		Zentral-asien	Trans-kaukasien	Ukraine
Feuchtigkeit	[%]	7,32	6,70	6,18
Pentosane	[%]	1,55	1,41	1,32
Wachs	[%]	0,67	0,61	0,89
Proteine	[%]	1,37	1,33	—
Asche	[%]	1,27	1,17	1,28

dener Bestimmungsmethoden erhält, wird später bei der Behandlung der Begleitstoffe im einzelnen nochmals eingehender zu sprechen sein. Betrachtet man aber allein schon die Ergebnisse an den nordamerikanischen Baumwollen, die von *E. R. McCall* und *J. F. Jurgens* publiziert worden sind, so sieht man deutlich, daß selbst bei Anwendung gleicher Bestimmungsmethoden große Unterschiede in den Quantitäten der Begleitstoffe bei den einzelnen Baumwollsorten auftreten. Bisher ist aber von keiner Seite geäußert worden, daß amerikanische Baumwollen bei der Verarbeitung und Veredlung nennenswerte, unerwartete Schwierigkeiten gebracht hätten!

Die weiteren Untersuchungen und Trennungen der Baumwollbegleitstoffe in einzelne Verbindungen und Verbindungsgruppen sowohl in qualitativer als auch teilweise in quantitativer Hinsicht werden in den folgenden Kapiteln beschrieben. Es können dabei verschiedene Detailfragen beantwortet werden, und außerdem erhält man einen Einblick, wie außerordentlich komplex diese Problematik ist.

Ein weiterer sehr wichtiger Punkt bei der Untersuchung derartiger Fragen ist die Reife der Fasern. Wie aus den Arbeiten von *E. R. McCall* und *J. F. Jurgens* [9] wieder sehr schön hervorgeht, sind die Quantitäten der einzelnen Begleitstoffe sehr vom Reifegrad der untersuchten Baumwollfaser abhängig. So kann man an Hand der Tabelle 2 feststellen, daß die Gehalte von Wachs, Asche, Pektin und Stickstoff bei unreifen Baumwollfasern gegenüber reifen Baumwollfasern bedeutend größer sind. Eine Deutung dieser Erscheinung ist mit Hilfe des morphologischen Aufbaues der Baumwollfaser sehr gut möglich. Bekanntlich bestehen junge, im Längenwachstum befindliche Baumwollfasern im wesentlichen aus der Primärwand, die Wachse und Pektin enthält, und den Zellinhaltsstoffen, die zum großen Teil Proteine sind. Cellulose ist nur zu einem geringen Prozentsatz vorhanden. Erst wenn das Längenwachstum abgeschlossen ist, beginnt die Ablagerung von Cellulose (Ausbildung der Sekundärwand). Reift also die Baumwollfaser nicht völlig aus, so bedeutet das, daß die Ablagerung von Cellulose nicht abgeschlossen werden konnte, prozentual auf die Gesamtfaser bezogen weniger Cellulose und damit mehr Baumwollbegleitstoffe gefunden werden müssen.

Die Kenntnis des Reifegrades im Zusammenhang mit der chemischen Zusammensetzung der Baumwolle hat nicht nur wissenschaftlichen Wert, sondern sie ist auch für ökonomische Überlegungen bedeutungsvoll. Bekanntlich müssen die Begleitstoffe im Verlauf der Veredlung ganz oder teilweise entfernt werden bzw. geschieht das jedenfalls. Liegen unreife Baumwollfasern mit hohen Gehalten an Begleitstoffen vor, so bedeutet das einen enormen Verlust an Fasersubstanz. Außerdem müssen größere Mengen Chemikalien und Energie zur Entfernung der Faserbegleitstoffe aufgewendet werden.

Um also eine vergleichende Analyse der chemischen Zusammensetzung der Baumwolle aus der Sowjetunion gegenüber Baumwollen aus Nordamerika oder Ägypten durchzuführen, ist neben der Anwendung gleicher Analysenmethoden für alle Baumwollsorten bei der Bestimmung der einzelnen Begleitstoffe die Kenntnis des Reifegrades der Faser notwendig.

Es können nur solche Ergebnisse miteinander verglichen werden, die an Baumwollen mit annähernd gleichem Reifegrad erzielt worden sind.

Die chemische Zusammensetzung der in Tabelle 1 näher charakterisierten Baumwollsorten aus der Sowjetunion, Ägypten und Nordamerika ist in Tabelle 4 zusammengestellt. Wie nicht anders zu erwarten, sind die Begleitstoffe in ihrer prozentualen Häufigkeit auch bei sowjetischen Baumwollen stark vom Reifegrad abhängig. Alle in Tabelle 4 aufgeführten Zahlen für die unreife sowjetische Baumwolle

Tabelle 4. Die chemische Zusammensetzung kommerzieller Rohbaumwollen aus verschiedenen Anbaugebieten (bezogen auf ihr Trockengewicht)

		Sowjet. Baumwolle 1. Sorte	Sowjet. Baumwolle 6. Sorte	Ägypt. Baumwolle Karnak	Amerik. Baumwolle Upland
Reifegrad (Anzahl völlig reifer Fasern	[%]	80,3	47,0	79,5	72,5
Gesamtstickstoff	[%]	0,253	0,537	0,273	0,234
Protein	[%]	1,58	3,36	1,71	1,46
Wachs (Methylenchlorid/Äther-Extrakt)	[%]	0,50	1,32	0,50	0,54
Wachs (Äthanol-Extrakt [13])	[%]	0,65	1,65	0,62	0,68
Asche	[%]	1,17	1,56	1,09	1,04
Pektinsubstanz	[%]	0,68	1,43	0,72	0,94
Gesamtphosphor (als P_2O_5)	[%]	0,111	0,249	0,186	0,093
Feuchtigkeit	[%]	7,3	7,4	6,6	6,4

6. Sorte übertreffen bei weitem die der ausgereiften sowjetischen Baumwolle 1. Sorte.

Für reife sowjetische Baumwolle 1. Sorte konnte im Vergleich zu ägyptischen und amerikanischen Baumwollen kein bedeutender quantitativer Unterschied in den Begleitstoffmengen gefunden werden.

4 Die Begleitstoffe der Baumwollfaser

4.1 Asche der Baumwollfaser

Betrachtet man die sehr umfangreichen Literaturangaben über den Aschegehalt der Baumwollfasern, so ergibt sich daraus, daß er über einen relativ großen Bereich schwanken kann. Nirgends wurde aber daraus gefolgert, daß der unterschiedliche Aschegehalt verschiedener Baumwollsorten nennenswerten Einfluß auf das Verhalten der Fasern in chemischen Veredlungsprozessen haben könnte. Vor allem ist es durchaus möglich, daß gleiche Baumwollsorten bei gleicher Reife recht beträchtliche Unterschiede im Aschegehalt aufweisen können. Der Reinigungsgrad der Baumwolle spielt hierbei eine sehr große Rolle. So ist *O. Hartmann* [14] der Ansicht, daß die üblichen Angaben einer Aschebestimmung an Baumwollflocke zu hoch sind und nicht den Aschegehalt der eigentlichen Fasersubstanz repräsentieren, weil mechanisch anhaftender Schmutz und die Samenkapseln eine Erhöhung und damit Verfälschung bewirken. Es ist daher auf jeden Fall ratsam, eine gute mechanische Vorreinigung in Form des Krempelns der Rohbaumwollflocke vorzunehmen.

Einen Überblick über die bisher gefundenen Aschegehalte an kommerziellen Baumwollsorten [15] gibt Tabelle 5 (mit Ausnahme sowjetischer Baumwollen). Für sowjetische Baumwollen konnten keine wesentlichen Unterschiede im Aschegehalt festgestellt werden. Die Literaturangaben in Tabelle 3 und die eigenen Ergebnisse in Tabelle 4 bewegen sich in der gleichen Größenordnung wie die für alle anderen Baumwollsorten.

Abschließend soll kurz auf die Bedeutung des Aschegehaltes hingewiesen werden. Es wurde gefunden, daß

Tabelle 5. Aschegehalte verschiedener kommerzieller Rohbaumwollen (Durchschnittswerte) nach E. Frieser [15]

Baumwollsorte	Aschegehalt [%]
Mittelamerika	1,5
Indien	2,5
Ägypten (braune Sorte)	1,7
Ägypten (weiße Sorte)	1,2
Mittelamerika, Upland	1,4

Calcium, Magnesium und Eisen in der Baumwollfaser salzartig an die Pektinsäure gebunden sind und letztere weitestgehend schwerlöslich in kaltem Wasser machen [16, 17]. Ein Austausch der zweiwertigen Metallionen gegen Natrium oder Ammoniumionen oder eine Hydrolyse der pektinsauren Salze zu Hydropektin machen das faserständige Pektin wasserlöslich. Über die Rolle des Pektins wird in einem der folgenden Kapitel noch eingehend zu berichten sein.

Während eine Wäsche keinen nachweisbaren Erfolg auf die Entfernung der Erdalkalien auf Grund ihrer Bindung zur Pektinsäure hat, werden die Alkaliverbindungen dagegen weitestgehend entfernt. Also bringt eine derartige Behandlung auf der einen Seite einen Verlust an Fasergewicht, auf der anderen Seite aber eine wesentliche Vergrößerung des elektrischen Widerstandes und damit Verwendungsmöglichkeiten der Baumwollfaser z. B. für Isolationen an Telefondrähten und Kabeln [18].

4.2 Stickstoffhaltige Begleitstoffe der Baumwollfaser

Für den Stickstoffgehalt der Baumwollfaser sind vorwiegend Eiweißverbindungen verantwortlich zu machen, die aus Resten des Protoplasmas stammen, die zu Beginn der Faserentwicklung einen großen Teil der Faserzelle ausmachen und erst mit der Ablagerung der Celluloseschichten als Baumwollfasersekundärwand mehr und mehr abnehmen, aber nicht ganz verschwinden. Stickstoff in Form von Nitraten konnte in der Baumwollfaser nicht nachgewiesen werden [19, 20]. Die Struktur der Faserproteine und anderer stickstoffhaltiger Baumwollbegleitstoffe ist sehr wenig erforscht. Sehr früh erkannte man aber schon, daß die Pigmentierung, d. h. der von hell- bis dunkelgelb schwankende Farbton der Baumwollfaser mit dem Stickstoffgehalt zusammenhängt [3, 4]. So darf auch, belegt durch sehr viel experimentelles Material, angenommen werden [19], daß die dunklere Rohfaserfarbe der ägyptischen Baumwollen gegenüber Baumwollen anderer Anbaugebiete auf den höheren Stickstoffgehalt und damit Proteingehalt zurückzuführen ist.

Freiberger, *Viktorov* u. a. [4, 21] haben festgestellt, daß bei der Baumwollbeuche der Stickstoffgehalt der Fasern außerordentlich vermindert wird und tatsächlich auch eine wesentliche Aufhellung der Fasern, eine seit langem bekannte Tatsache, eintritt. Gleichzeitig bekommt die Beuchlauge eine tief dunkelbraune Farbe. Außerdem spielen die mehr oder minder abgebauten Faserproteine bei der Beuche eine wichtige Rolle als wirksame Emulgatoren für unlösliche Faserbegleitstoffe (Wachsbestandteile). Die Ansicht, daß bei der Beuche eine weitgehende Verseifung der Wachsester stattfinden würde und damit eine Bildung von Seifen eintritt, die emulgierend auf die unverseifbaren Anteile des Wachses wirken, kann nicht bestätigt werden [22]. Die Wachsester werden bei weitem nicht vollständig verseift, und die dadurch verminderte Seifenbildung reicht in keinem Falle aus, die wasserunlöslichen Wachsbestandteile zu emulgieren. Schon 1928 konnte der russische Forscher *M. M. Tschilikin* [22] experimentell die Rolle der Faserproteine für die Emulgierung von Wachsbestandteilen der Baumwolle während des Beuchprozesses nachweisen. Eine Angabe über den chemischen Aufbau und die Struktur derartiger Verbindungen konnte er aber nicht machen.

Zum Abschluß dieser ganzen Betrachtungen sei noch erwähnt, daß man sich heute völlig klar darüber ist, daß die dunkelbraune Farbe der Beuchlauge auf Verbindungen zurückzuführen ist, die bei der Reaktion zwischen Kohlenhydraten und Proteinen im alkalischen Medium entstehen. Eine große Reihe von Modellversuchen [23, 24] mit Monosacchariden und Aminosäuren brachte diese Erkenntnis. Ob allerdings die Farbe der Rohfasern auch durch Verbindungen vom gleichen Typus hervorgerufen wird, kann an dieser Stelle nicht entschieden werden. Ebenso ist noch ungeklärt, ob derartigen Verbindungen zwischen Kohlenhydraten und Aminosäuren die gut emulgierende Wirkung der Beuchlauge zuzuschreiben ist.

Die quantitative Bestimmung des Stickstoffgehaltes der Baumwollfaser erfolgt fast ausschließlich von allen Bearbeitern nach der Methode von *Kjeldahl*. Das ist insofern sehr nützlich, da man so in der Lage ist, diese Ergebnisse ohne große Einschränkungen miteinander vergleichen zu können. Eine kleine Zusammenstellung der Ergebnisse verschiedener Autoren wird in Tabelle 6 gebracht.

In Tabelle 6 kommt sehr gut zum Ausdruck, daß tatsächlich der Stickstoffgehalt der ägyptischen Baumwolle im Durchschnitt wesentlich höher liegt als der Stickstoffgehalt von Baumwollen anderer Anbaugebiete. Auch die eigenen Ergebnisse in Tabelle 7 stimmen mit dieser Erkenntnis überein. Es muß aber noch einmal betont werden, daß die sowjetischen Baumwollen, betrachtet man die Muster mit vergleichbarem Reifegrad, keine

Tabelle 6. Stickstoffgehalte verschiedener kommerzieller Rohbaumwollen

Baumwollsorte	Stickstoffgehalt [%] nach *Ridge* [25] (1924)	*Knecht* u. *Hall* [26] (1919)	*Higgins* [27] (1919)
Ägypt. Baumwolle			
1. Ohne Sortenbezeichnung	—	0,262	0,275
2. Sakellaridis	0,317	—	—
3. Upers	0,292	—	—
Nordamerikan. Baumwolle			
1. Ohne Sortenbezeichnung	—	0,20	0,180
2. Texas	0,204	—	—
3. Georgia	0,221	—	—
Südamerikan. Baumwolle			
1. Tanguis (Peru)	0,216	—	—
2. Ceara (Brasilien)	0,221	—	—

anormalen Werte liefern. Der Stickstoffgehalt einer sowjetischen Baumwolle 6. Sorte, die von Hand nachverlesen und nahezu schalenfrei ist (eine weitgehende Reinigung erfolgte schon durch das Kardieren der Rohbaumwollen!), beträgt 0,466%. Wie erwartet, sinkt der Stickstoffgehalt der handverlesenen schalenfreien Baumwolle gegenüber den der Rohfaser etwas ab. Er liegt aber noch lange nicht in dem Bereich der Stickstoffgehalte der reifen Sorten, so daß die Ausführungen über den Zusammenhang zwischen Stickstoffgehalt und Reifegrad volle Gültigkeit behalten.

Im Zusammenhang mit der Isolierung und Untersuchung der Wachsbestandteile der Baumwollfaser wurde eine sukzessive Extraktion der untersuchten Baumwollsorten durchgeführt. Dabei zeigt sich, daß bei dieser Behandlung mit den verschiedenen Lösungsmitteln der Stickstoffgehalt der Baumwollfaser nicht unbeeinflußt bleibt (siehe Tabelle 7). Während die Erstextraktion mit Methylenchlorid/Äther den Gesamtstickstoffgehalt der Fasern kaum oder nur unwesentlich verändert, erniedrigt die anschließende Zweitextraktion mit Äthanol den Gesamtstickstoffgehalt beträchtlich. Diese Ergebnisse stimmen auch recht gut mit denen von *P. P. Viktorov* und *N. M. Sokolova* [21] überein, die mit Alkohol eine durchschnittliche Erniedrigung des N-Gehaltes um 25% gefunden haben. Auch die eigenen Werte liegen in dieser Größenordnung. Diese Erscheinung kann nur so gedeutet werden, daß sich in der Baumwollfaser äthanollösliche Aminosäuren und andere stickstoffhaltige Verbindungen befinden. Leider existieren bis heute keine Angaben über die in der Baumwollfaser vorkommenden freien Aminosäuren.

Ein nicht unbeträchtlicher Teil der Faserproteine, durchschnittlich 20%, läßt sich ohne eine alkalische Behandlung der Fasern von diesen entfernen. Eine eingehende qualitative Untersuchung der äthanollöslichen, stickstoffhaltigen Verbindungen und eine Bestimmung der Aminosäurebausteine der heißwasserlöslichen Faserproteine werden nachfolgend vorgenommen. Eine Abschätzung der Häufigkeit der Aminosäuren läßt dann Aussagen machen, welche Verbindungen hauptsächlich in den abgebauten Faserproteinen der Beuchlauge enthalten und für die gut emulgierende Wirkung der Beuchlauge verantwortlich sind. Auf Grund ihrer Häufigkeit läßt sich auch sagen, welche Aminosäuren die dunkelbraune Farbe der Beuchlauge als Reaktionsprodukt mit Monosacchariden verursachen (s. 4.2.1 Äthanollösliche, stickstoffhaltige Baumwollbegleitstoffe (vorwiegend Aminosäuren) und 4.2.2 Aminosäurezusammensetzung der heißwasserlöslichen Faserproteine).

Tabelle 7. Stickstoffgehalte verschiedener kommerzieller Baumwollsorten unterschiedlicher Vorbehandlung (bezogen auf ihr Trockengewicht)

	Stickstoffgehalt in % von			
	Sowjet. Baumw. 1. Sorte	Sowjet. Baumw. 6. Sorte	Ägypt. Baumw. Karnak	Amerik. Baumw. Upland
Rohfasern (durch Kardieren mechan. gereinigt)	0,253	0,537	0,273	0,234
Fasern *erst*extrahiert mit Methylenchlorid/Äther	0,248	0,471	0,287	0,226
Fasern anschließend *zweit*-extrahiert mit Äthanol	0,201	0,324	0,205	0,184
Fasern anschließend *dritt*-extrahiert mit Wasser	0,150	0,218	0,181	0,130

Tabelle 8. Konventionelle Proteingehalte verschiedener kommerzieller Baumwollsorten unterschiedlicher Vorbehandlung (bezogen auf ihr Trockengewicht)

	Konventioneller Proteingehalt [%] von			
	Sowjet. Baumw. 1. Sorte	Sowjet. Baumw. 6. Sorte	Ägypt. Baumw. Karnak	Amerik. Baumw. Upland
Rohfasern (durch Kardieren mechanisch gereinigt)	1,58	3,36	1,71	1,46
Fasern *erst*extrahiert mit Methylenchlorid/Äther	1,55	2,94	1,79	1,41
Fasern anschließend *zweit*-extrahiert mit Äthanol	1,26	2,03	1,28	1,15
Fasern anschließend *dritt*-extrahiert mit Wasser	0,94	1,36	1,13	0,81

Tabelle 9. Stickstoffabnahme verschiedener kommerzieller Baumwollsorten bei mehreren, nacheinander folgenden Extraktionsprozessen

	N-Verlust [%] (immer bezogen auf den N-Gehalt der Rohfasern!)			
	Sowjet. Baumw. 1. Sorte	Sowjet. Baumw. 6. Sorte	Ägypt. Baumw. Karnak	Amerik. Baumw. Upland
Rohfasern/äthanolextrahierte Fasern	21,0	39,0	24,9	21,4
Äthanolextrahierte Fasern/heißwasserbehandelte Fasern	20,1	19,8	7,9?	23,0

4.2.1 Äthanollösliche, stickstoffhaltige Baumwollbegleitstoffe (vorwiegend Aminosäuren).

Die äthanollöslichen, stickstoffhaltigen Baumwollbegleitstoffe, die ungefähr 25% des Gesamtstickstoffgehaltes der Baumwollfaser ausmachen, werden nach entsprechender Isolierung und Reinigung einer zweidimensionalen papierchromatographischen Analyse unterzogen. Dabei können die in Tabelle 10 und Bild 1 namentlich aufgeführten Aminosäuren an Hand

Tabelle 10. Die äthanollöslichen, stickstoffhaltigen Begleitstoffe (vorwiegend Aminosäuren) verschiedener kommerzieller Baumwollsorten

	Geschätzte Intensitäten			
	Sowjetische Baumwolle 1. Sorte	Sowjetische Baumwolle 6. Sorte	Ägyptische Baumwolle Karnak	Amerikanische Baumwolle Upland
Leucin	mittel	mittel	mittel	mittel
Valin	mittel	mittel	mittel	mittel
Prolin	mittel	stark	stark	stark
Alanin	stark	stark	stark	stark
Oxyprolin	—	—	—	—
Threonin	schwach	schwach	schwach	schwach
Glutaminsäure	—	sehr schwach	—	schwach
Glycin	schwach	mittel	schwach	schwach
Serin	stark	stark	stark	mittel
Asparaginsäure	—	—	—	sehr schwach
Asparagin	stark	stark	stark	mittel
Lysin ?	schwach	sehr schwach	—	sehr schwach
Arginin	—	—	—	—
Verbindung V 1	—	—	—	—
Verbindung V 2	—	sehr schwach	—	—
Verbindung V 3	schwach	schwach	—	sehr schwach
Verbindung V 4	stark	stark	stark	stark
Verbindung V 5	—	—	—	—
Verbindung V 6	sehr schwach	sehr schwach	schwach	sehr schwach
Verbindung V 7	mittel	schwach	mittel	—

eines Vergleichspapierchromatogrammes identifiziert werden.

Die Bestimmung des Lysins ist im vorliegenden Fall nicht eindeutig. Nach *Piez*, *Tooper* und *Fosdick* [28] soll Lysin an stark basischen Ionenaustauschern, so wie sie

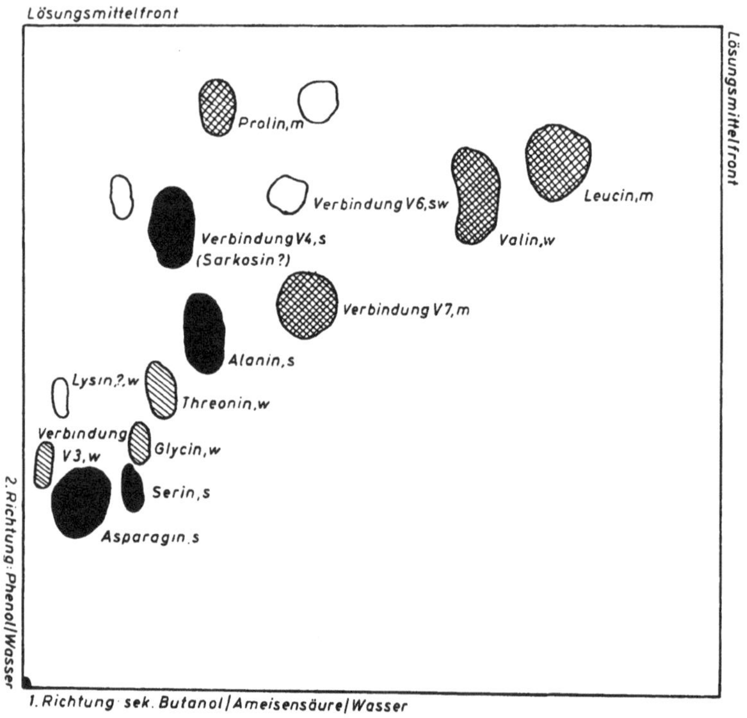

Bild 1. Zweidimensionales Papierchromatogramm der äthanollöslichen, stickstoffhaltigen Verbindungen einer sowjetischen Baumwolle 1. Sorte
Papier: Schleicher und Schüll 2043 bM
Entwickler: Ninhydrin, Kupferkomplexe
Die hinter den Namen der einzelnen Aminosäureflecken stehenden Buchstaben bezeichnen die Intensitäten der Flecken.
Es bedeuten: *s* — stark, *m* — mittel, *w* — schwach, *sw* — sehr schwach

hier bei der Isolierung und Reinigung angewendet werden, ganz verlorengehen. Eine Klärung dieser Frage wurde nicht durchgeführt.

Als Hauptbestandteile treten Leucin, Valin, Prolin, Alanin, Serin, Asparagin und eine unbekannte Aminosäure (?) auf, die als „Verbindung *V* 4" bezeichnet wird.

Mit großer Wahrscheinlichkeit handelt es sich aber bei der „Verbindung *V* 4" um Sarkosin (*N*-Methylglycin). Ein zweidimensionales Papierchromatogramm mit mehreren Testsubstanzen (Prolin, Alanin, Threonin, Glycin, Valin und Sarkosin) zeigt Sarkosin in der Gegend, wo sonst bei den natürlich vorkommenden Aminosäuren die „Verbindung *V* 4" auftritt. Freie Monoaminodikarbonsäuren (Glutaminsäure, Asparaginsäure) sind in der Baumwolle nicht vorhanden oder nur in so geringen Mengen, daß sie unter der papierchromatographischen Nachweisgrenze liegen. Asparaginsäure liegt in größeren Mengen in Form ihres Monoamids (Asparagin) vor. Damit ist auch das schwache Auftreten der freien Säure bei der amerikanischen Baumwolle zu erklären, weil bei der Isolierung und Reinigung der äthanollöslichen, stickstoffhaltigen Verbindungen stark hydrolytisch wirkende Reagenzien (6n—HCl) angewendet werden müssen. Glutaminsäure tritt überhaupt erst nach einer starken hydrolytischen Behandlung auf, wie sie für die Zerlegung der Proteine in die Aminosäurebausteine mit 6n—HCl bei 105 °C über 24 h im geschlossenen Rohr üblich ist.

Bild 2 zeigt das zweidimensionale Papierchromatogramm der hydrolysierten, äthanollöslichen, stickstoffhaltigen Begleitstoffe. Es verschwindet das Asparagin, und an dessen Stelle tritt in gleichem Ausmaß die Asparaginsäure auf. Wesentlich schwächer dagegen, aber trotzdem eindeutig, kann auch jetzt Glutaminsäure festgestellt werden. Dafür verschwindet der Fleck für die „Verbindung *V7*“, und es konnte auf folgendem Weg der Beweis erbracht werden, daß aus dieser Verbindung die Glutaminsäure stammt.

Aus einer größeren Anzahl zweidimensionaler Papierchromatogramme der äthanollöslichen, stickstoffhaltigen Verbindungen der sowjetischen Baumwolle 1. Sorte wird die „Verbindung *V7*“ isoliert, anschließend mit 6n—HCl hydrolysiert (105 °C, 24 h, im geschlossenen Rohr) und papierchromatographisch untersucht. Wie Bild 3 zeigt, besteht die „Verbindung *V7*“ eindeutig aus Alanin, Glutaminsäure und Serin.

Ter-Karapetjan u. Mitarb. [30] untersuchten die Eiweißstoffe aus *Samenschalen der Baumwolle* und fanden in guter Übereinstimmung mit den Ergebnissen der vorliegenden Arbeit an *Baumwollfasern* ebenfalls Glutaminsäure, Alanin und Serin (neben Glycin, Asparaginsäure und Arginin).

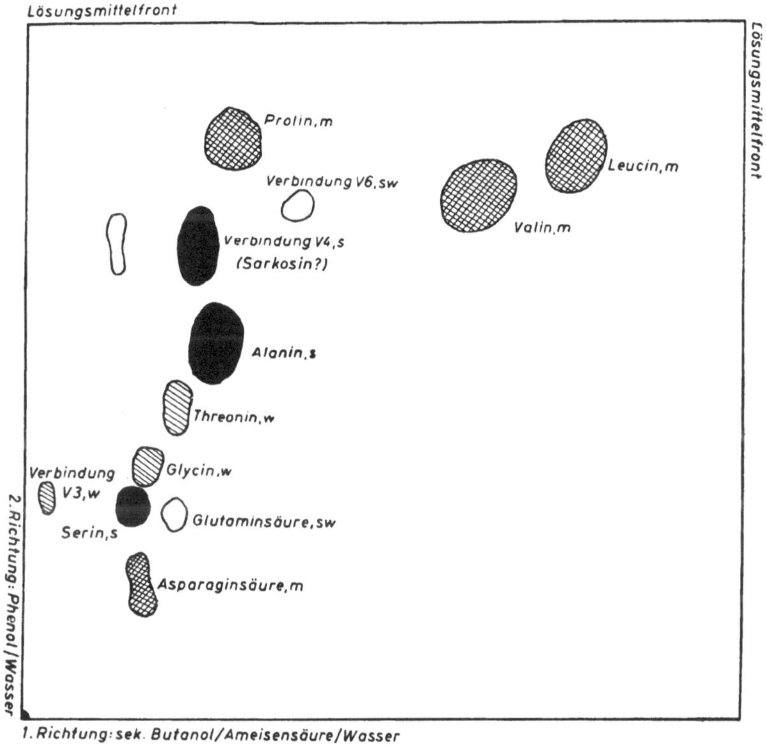

Bild 2. Zweidimensionales Papierchromatogramm der mit 6n—HCl hydrolysierten, äthanollöslichen, stickstoffhaltigen Verbindungen einer sowjetischen Baumwolle 1. Sorte.

Papier: Schleicher und Schüll 2043 bM
Entwickler: Ninhydrin, Kupferkomplexe

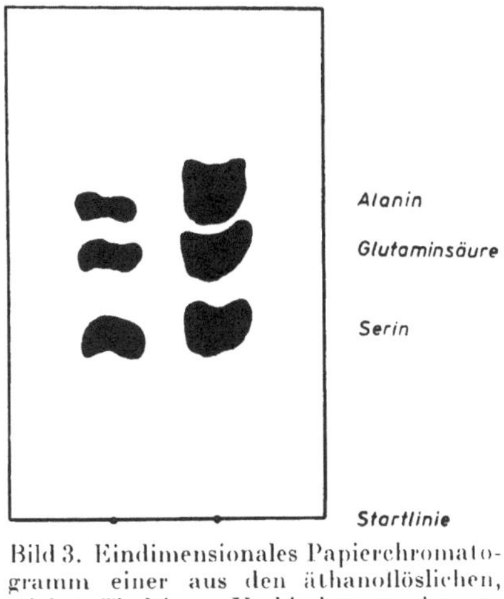

Bild 3. Eindimensionales Papierchromatogramm einer aus den äthanollöslichen, stickstoffhaltigen Verbindungen der sowjetischen Baumwole 1. Sorte isolierten und hydrolysierten Komponente

Fließmittel: sek. Butanol/Ameisensäure/Wasser 75:16:9 [29]
Papier: Schleicher und Schüll 2043 bM
Methode: absteigend
Entwickler: Ninhydrin, Kupferkomplexe

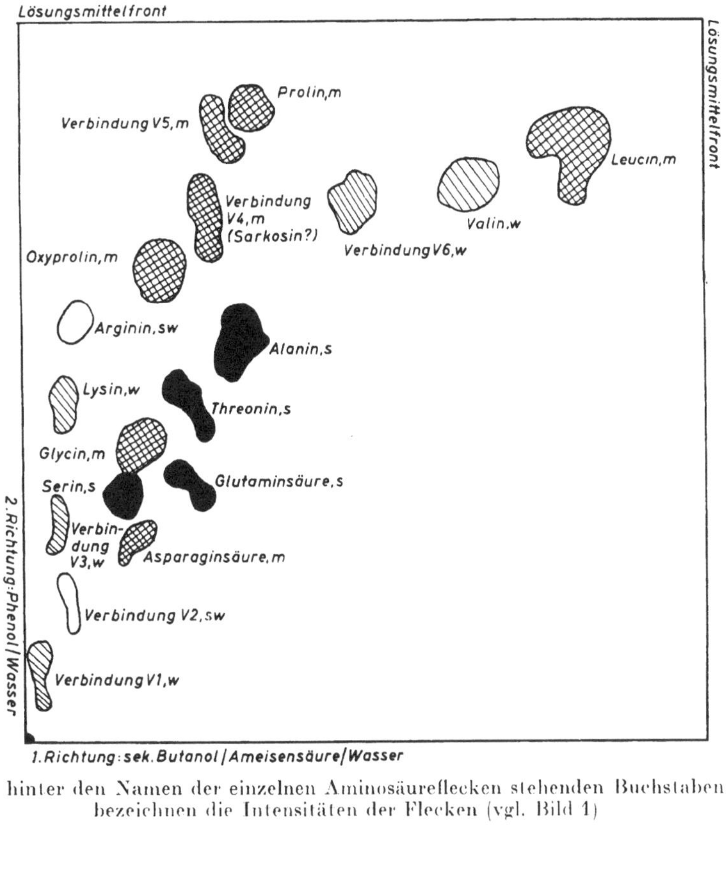

Bild 4 (rechts). Die Aminosäuren der heißwasserlöslichen Faserproteine einer sowjetischen Baumwolle 1. Sorte

Papier: Schleicher und Schüll 2043 bM
Entwickler: Ninhydrin, Kupferkomplexe

Die hinter den Namen der einzelnen Aminosäureflecken stehenden Buchstaben bezeichnen die Intensitäten der Flecken (vgl. Bild 1)

Tabelle 11. Die Aminosäuren der heißwasserlöslichen Faserproteine verschiedener kommerzieller Baumwollsorten

	Geschätzte Intensitäten			
	Sowjetische Baumwolle 1. Sorte	Sowjetische Baumwolle 6. Sorte	Ägyptische Baumwolle Karnak	Amerikanische Baumwolle Upland
Leucin	mittel	mittel	mittel	mittel
Valin	schwach	schwach	schwach	schwach
Prolin	mittel	mittel	schwach	schwach
Alanin	stark	stark	stark	stark
Oxyprolin	mittel	mittel	mittel	mittel
Threonin	stark	stark	stark	stark
Glutaminsäure	stark	stark	stark	stark
Glycin	mittel	mittel	mittel	mittel
Serin	stark	stark	stark	stark
Asparaginsäure	mittel	stark	mittel	stark
Asparagin	—	—	—	—
Lysin	schwach	schwach	schwach	mittel
Arginin	sehr schwach	schwach	sehr schwach	sehr schwach
Verbindung V 1	schwach	sehr schwach	sehr schwach	schwach
Verbindung V 2	sehr schwach	sehr schwach	schwach	schwach
Verbindung V 3	schwach	schwach	schwach	schwach
Verbindung V 4	mittel	stark	mittel	mittel
Verbindung V 5	mittel	schwach	schwach	schwach
Verbindung V 6	schwach	schwach	sehr schwach	schwach
Verbindung V 7	—	—	—	—

4.2.2 Aminosäurezusammensetzung der heißwasserlöslichen Faserproteine

Seltsamerweise sind die Faserproteine, die einen recht beträchtlichen Teil der Begleitstoffe ausmachen, bisher sehr wenig untersucht worden. Dem Literaturstudium zufolge sind als Aminosäurebausteine der Faserproteine Serin, Asparaginsäure, Glycin, Glutaminsäure, Valin und Alanin bekannt. In der vorliegenden Arbeit konnten 18 Aminosäuren papierchromatographisch bestimmt werden, von denen an Hand eines Vergleichspapierchromatogrammes 12 eindeutig identifiziert wurden (Tabelle 11).

Von den Hauptbestandteilen der äthanollöslichen, stickstoffhaltigen Verbindungen wird nur Valin deutlich schwächer. Leucin, Prolin, Alanin, Serin, Asparaginsäure und die Verbindung V 4 sind in den heißwasserlöslichen Faserproteinen mit Oxyprolin, Threonin, Glutaminsäure und Glycin die Hauptbestandteile. Asparagin und die Verbindung V 7 können selbstverständlich, da es sich hier um ein Hydrolysat handelt, nicht gefunden werden.

Tabelle 12. Pektingehalte verschiedener kommerzieller Baumwollsorten

	Pektingehalte [%] nach			
	Uronsäuremethode (CO_2-Geh.) [17]	Kolorimetr. Best. mit Karbazol [34, 35]	Calziumpektatverfahren [37]	Autor
Amerikanische Baumwollen				
Wilds	1,13	1,07	—	*Stark, M. S.* [34]
Stoneville 2 B	0,81	0,78	—	
Empire	0,91	0,83	—	
Deltapine	0,71	0,66	—	
Stoneville-Mississippi	1,15	—	—	*Whistler, R. L.* u. Mitarb. [17]
Indische Baumwollen				
Javadhar	—	0,75	—	*R. Narayan Rao* u. Mitarb. [36]
Local Mungari	—	0,66	—	
Ägyptische Baumwollen				
Karnak	4,7	4,4	8,7	*Frieser, E.* [19]*
Gizeh	5,6	5,2	9,9	

* Vom Verfasser gemittelte Werte

4.3. Begleitkohlenhydrate der Baumwollfasern

4.3.1 Pektinsubstanz

Die Pektinsubstanz betrachtet man heute auf Grund neuer Forschungsergebnisse als einheitlich aus offenen Ketten der Polygalakturonsäure aufgebaut, deren Carboxylgruppen teilweise mit Methanol verestert sind [19]. Die Ansicht von *F. Ehrlich* [31], daß die Pektinmoleküle neben den *d*-Galakturonsäurebausteinen Arabinose und Galaktose enthalten, kann nicht mehr vertreten werden. Beide Verbindungen sind Verunreinigungen in bezug auf die Pektinsubstanz, gehören also bei unseren Betrachtungen in das Gebiet der Hemicellulosen, freien Zucker und verwandten Verbindungen.

Während der chemische Aufbau des Pektins gesichert ist, herrscht eine derartige Klarheit über den Zustand des Pektins in der Baumwollfaser noch nicht. *K. Heß* und seine Schule nehmen an, daß ein Cellulose-Pektin-Komplex besteht [32, 33], in dem beide Komponenten über Äther- und Esterverbindungen (?) vereinigt sind. *Walker, Whistler* u. a. bestreiten diese Behauptung und stützen sich dabei auf umfangreiche analytische Ergebnisse [16, 17]. Nach ihnen kommt das Pektin als kaltwasserunlösliches Magnesium-Calcium-Salz der teilweise mit Methanol veresterten Polygalakturonsäure

Tabelle 13. Pektingehalte verschiedener kommerzieller Baumwollsorten unterschiedlicher Vorbehandlung

	Pektingehalt [%] Anhydrogalakturonsäure			
	Sowjet. Baumw. 1. Sorte	Sowjet. Baumw. 6. Sorte	Ägypt. Baumw. Karnak	Amerik. Baumw. Upland
Reifegrad [%]	80,3	47,0	79,5	72,5
Fasern *erst*extrahiert mit Methylenchlorid/Äther	1,26	2,22	0,91	0,68
Fasern anschließend *zweit*-extrahiert mit Äthanol	0,68	1,43	0,72	0,94(?)
Fasern anschließend *dritt*-extrahiert mit Wasser	0,08	1,24?	0,15	0,39

vor. Alle Autoren sind sich aber einig, daß bei der extraktiven Entfernung des Pektins entwachste Baumwollfasern verwendet werden müssen.

Über die Menge der Pektinsubstanz in der Baumwollfaser sind von verschiedenen Autoren Unterschiede gefunden worden. Eine Auswahl der Ergebnisse ist in Tabelle 12 wiedergegeben. Da aber der bestimmbare Pektingehalt nicht unabhängig von der Bestimmungsmethode ist (vgl. *E. Frieser* [19],) können diese Unterschiede teilweise methodisch bedingt sein. Außerdem wird in keinem Fall die Reife der Fasern angegeben, so daß diese Unterschiede wahrscheinlich nicht so sehr spezifisch für Baumwollsorten verschiedener Anbaugebiete sind, sondern vielmehr durch den Entwicklungszustand der Fasern bedingt werden.

Obwohl die ägyptischen Baumwollen bei gleicher Reife mehr Pektin als die amerikanischen [38] enthalten, erscheinen die Werte von *E. Frieser* [19] doch wesentlich zu hoch. Es wird vermutet, daß die Werte mit denen von anderen Pflanzenfasern verwechselt worden sind. Die geschilderte Tendenz, daß die ägyptischen Baumwollen mehr Pektin bei gleicher Reife enthalten, ist auch in den eigenen Werten (s. Tabelle 13) zu bemerken, doch derartige krasse Unterschiede konnten nicht gefunden werden. Die Bestimmungen, die nach der kolorimetrischen Methode mit *Carbazol* [34, 35] ausgeführt worden sind, liegen durchaus alle in der Größenordnung der Werte vieler Autoren, die den Pektingehalt mit anderen Methoden vergleichend bestimmt haben.

Nach den vorliegenden Ergebnissen ist der Pektingehalt der sowjetischen Baumwolle ähnlich dem Pektingehalt der ägyptischen, wenn man Fasern von annähernd gleicher Reife betrachtet. Der hohe Pektingehalt der sowjetischen Baumwolle 6. Sorte stimmt völlig mit den bisherigen Erkenntnissen überein, wonach der Pektingehalt um so höher ist, je niedriger die Reife der Fasern ist. Die Pektingehalte der heißwasserbehandelten Fasern bestätigen den teilweisen Abbau der kaltwasserunlöslichen Pektinsubstanz (Calcium-Magnesiumsalz) zu sog. „Hydratpektin" mit anschließender Entfernung von der Faser.

Bei der rechnerischen Auswertung der Meßdaten wurde bewußt auf das von *V. Kutz* [39] angegebene Korrekturverfahren verzichtet, das den Einfluß der ebenfalls gefärbten Glukose-Carbazol-Verbindung eliminiert. Erstens ist dieses Verfahren für Präparate mit hohem Pektingehalt ausgearbeitet worden, und außerdem ist eine Beeinflussung bis zu 40% Glucose bezogen auf den Pektingehalt nicht vorhanden. Nach *E. R. McCall* und *J. F. Jurgens* [9] ist z. B. in amerikanischen Baumwollen der Gehalt an reduzierenden Zuckern mindestens eine Zehnerpotenz niedriger als der Pektingehalt und damit eine Korrektur nach dem „*Kutz*schen Verfahren" überflüssig.

Bezugnehmend auf frühere Arbeiten [34, 35], müssen die Pektingehalte der äthanolextrahierten Fasern als verbindlich angesehen werden. Es hat sich erwiesen, daß auch die Pflanzensäuren, die erst bei der Äthanolextraktion von der Faser entfernt werden, mit Carbazol gefärbte Verbindungen bilden und damit die Werte für die Methylenchlorid/Äther-extrahierten Fasern zu hoch werden lassen.

Die Pektinsubstanz der Baumwolle wurde wiederholt untersucht, weil man ursprünglich glaubte, daß sie wesentlichen Einfluß auf die Fasereigenschaften und auf die Faserveredlung hat.

Auf Grund der Arbeiten von *R. F. Nickerson* und *C. P. Leape* [40], *E. Heuser* und *I. W. Green* [41] und *R. L. Whistler*, *A. R. Martin* und *M. Harris* [17] ist heute allgemein anerkannt, daß die Pektinsubstanz keinen Einfluß auf die Fasereigenschaften hat. Es ist an 100%ig entpektinisierten Fasern keine Veränderung der Viskosität einer Cuoxamlösung (und damit des DP-Wertes) und keine Veränderung der physikalischen Eigenschaften (Zugfestigkeit, usw.) festgestellt worden. Für die Faserveredlung bringt die Pektinsubstanz keine Schwierigkeiten, weil es unter nichthydrolytischen Bedingungen möglich ist, sie durch Austausch der Calcium- und Magnesiumionen gegen Natrium- und Ammoniumionen wasserlöslich zu machen [17]. Eine alkalische Behandlung der Baumwollfasern, wie sie in der Beuche oder in der Hypochloritbleiche vorliegt, entfernt vollständig und in kürzester Zeit die Pektinsubstanz. Für den letztgenannten Bleichprozeß kann die Pektinsubstanz insofern eine Bedeutung erlangen, da sie auf Grund ihres reduzierenden Charakters [42] eine der Ursachen der schnellen Erschöpfung der Bleichbäder ist.

4.3.2 Hemicellulose, freie Zucker (Mono- und Oligosaccharide) und Pflanzensäuren

Die Substanzgruppe „Hemicellulosen" ist weder begrifflich noch analytisch scharf abgegrenzt. Hierfür fehlen vor allem streng spezifische Lösungsmittel und saubere Fraktionierungsmethoden. Trotz einer großen Anzahl von Vorschlägen zur exakten Definition bei teilweiser Ablehnung des Begriffes „Hemicellulosen" [43] erscheint er doch bis zu einem gewissen Grade zweckmäßig und hat sich nicht aus dem internationalen Schrifttum verdrängen lassen. In der vorliegenden Arbeit werden solche Substanzen als Hemicellulosen bezeichnet, die aus Ketten glucosidisch verknüpfter Zuckerreste bestehen und vielfach durch Säuren leichter hydrolysiert und im allgemeinen durch Alkalien leichter gelöst werden als Cellulose [43]. Als Zucker kommen dabei in Frage: *d*-Glucose, *d*-Mannose und *d*-Galaktose als Hexosen und *d*-Xylose, *l*-Arabinose und *l*-Rhamnose als Pentosen.

Nach einem Vorschlag von *Staudinger* werden auf Grund der beiden Zuckergruppen die Hemicellulosen weiter in Pentosane und Hexosane unterteilt [43].

Wahrscheinlich bedingt durch das Fehlen streng spezifischer Lösungsmittel und sauberer Fraktionierungsmethoden, liegen bis heute nur unbefriedigende Ergebnisse hinsichtlich des Hemicellulosengehaltes der Baumwollfaser vor. Vereinzelte sowjetische Veröffentlichungen [10 bis 12] geben zwar genaue Zahlen an, es muß aber hinzugefügt werden, daß nur der Pentosangehalt durch Überführung der Pentosen mit verdünnter Salzsäure in Furfurol bestimmt worden ist. Die Werte sind also in Hinblick auf „Gesamthemicellulosen" zu klein. Wesentlich genauer dagegen ist die qualitative Zusammensetzung der Hemicellulosen der Baumwollfaser beschrieben. So haben erstmalig auf papierchromatographischem Weg *D. B. Das* u. Mitarb. [44] durch Hydrolyse der Hemicellulosen mittels Ameisensäure als Bausteine Glucose, Xylose und Arabinose nachweisen können. In jüngster Zeit sind Rohbaumwollen aus Ägypten hinsichtlich der qualitativen Zusammensetzung ihrer Hemicellulosebegleitstoffe untersucht worden [45]. In den mit 0,7 molarer Schwefelsäure hydrolysierbaren Hemicellulosen hat man außer den schon von *D. B. Das* u. Mitarb. gefundenen Glucose, Xylose und Arabinose noch Galaktose und Rhamnose als Bausteine nachgewiesen. Ferner hat man gefunden, daß die Mengenverhältnisse der einzelnen Zucker sehr verschieden sein können; man nimmt weiter an, daß die Hemicellulosen in verschiedenen Baumwollsorten unterschiedlichen Kondensationsgrad besitzen, und vermutet einen möglichen und nicht zu unterschätzenden Einfluß auf die Faserqualität.

Tabelle 14. Rf-Werte mehrerer natürlich vorkommender Zucker in Baumwollen in verschiedenen Fließmitteln

	Glucose	Cellobiose	vermutlich Cellotriose	Xylose
n-Butanol/Dimethylformamid/Wasser 2:1:1 [47]				
Vergleichssubstanzen	0,51	0,38	—	0,56
Sowjet. Baumwolle 1. Sorte	0,50	0,37	0,27	—
Sowjet. Baumwolle 6. Sorte	0,50	—	0,27	—
Ägypt. Baumwolle	0,51	0,38	0,28	—
Amerikan. Baumwolle	0,50	—	0,28	—
n-Butanol/Pyridin/Wasser 6:4:3 [49]				
Vergleichssubstanzen	0,34	0,20	—	0,47
Sowjet. Baumwolle 1. Sorte	0,36	0,19	0,12	—
Sowjet. Baumwolle 6. Sorte	0,36	(0,21)	0,12	—
Ägypt. Baumwolle	0,36	0,21	0,12	—
Amerikan. Baumwolle	0,36	—	—	—
n-Butanol/Pyridin/Wasser 3:1:1 [50]				
Vergleichssubstanzen	0,21	0,09	—	0,30
Sowjet. Baumwolle 1. Sorte	0,21	0,10	0,06	—
Sowjet. Baumwolle 6. Sorte	0,18	(0,08)	0,05	—
Ägypt. Baumwolle	0,21	(0,08)	0,06	—
Amerikan. Baumwolle	0,21	—	(0,06)	—
sek-Butanol/Ameisensäure/Wasser 75:16:9 [29]				
Vergleichssubstanzen	0,12	0,03	—	—
Sowjet. Baumwolle 1. Sorte	0,12	0,02	—	—

Weit weniger Einfluß auf die Faserqualität werden den freien Zuckern zuerkannt. Nach *Kursanow* und *Vyskrebenceva* [10] sollen es Reste des biologischen Celluloseaufbaues sein. Die bisherigen quantitativen Angaben beschränken sich darauf, die Gesamtzucker und die reduzierenden Zucker ohne Berücksichtigung der qualitativen Zusammensetzung anzugeben. Die eben zitierten sowjetischen Autoren betrachten die Zucker als aus Glucose, Fructose und nicht näher beschriebenen Pentosen bestehend und haben keine Saccharose gefunden. *Chollet* [45] gibt Glucose, Fructose und Saccharose an. Unsere Ergebnisse über die freien Zucker der Baumwolle sind zum Teil sehr abweichend von den bisherigen wenigen Veröffentlichungen. Die Gewinnung und Isolierung der freien Zucker der Baumwolle geschieht durch Extraktion mit Äthanol. Dabei werden neben den Zuckern die Pflanzensäuren (organische Säuren) und die schon im vorhergehenden Kapitel diskutierten stickstoffhaltigen Verbindungen gewonnen.

Um auf alle Fälle zu vermeiden, daß freie Zucker durch hydrolytische Einflüsse von Mineralsäuren gebildet werden, die eventuell aus dem Extraktionsmittel Äther/Methylenchlorid in Form der Salzsäure frei werden können, wird für die Zucker- und Pflanzensäurebestimmung eine direkte Extraktion der Rohbaumwollen mit Äthanol unter Vermeidung der Vorextraktion mit Äther/Methylenchlorid durchgeführt. Die weitere Behandlung mit Chloroform, analog der Isolierung der stickstoffhaltigen Verbindungen, entfernt in der organischen Phase die Gesamtwachsbestandteile. Die wäßrige Phase wird durch den stark sauren Ionenaustauscher I der Firma Merck AG von allen aminogruppenhaltigen Verbindungen befreit. Das sauer reagierende Eluat wird in dieser Form zur chromatographischen Untersuchung auf Pflanzensäuren (organische Säuren) verwendet. Für die chromatographische Untersuchung der Zuckerbestandteile wird das Eluat mit der Bicarbonatform des Anionenaustauschers L 150 vom VEB Farbenfabrik Wolfen neutralisiert. Die chromatographischen Untersuchungen sind mit vier verschiedenen Fließmitteln (siehe Tabelle 14) auf Schleicher-und-Schüll-Papier Nr. 2043 bM durchgeführt worden. Als Vergleichssubstanzen dienen Glucose, Xylose und Cellobiose. Als Hauptbestandteil der freien Zucker in Baumwolle tritt Glucose auf (siehe Bild 5). Die Anwesenheit von Saccharose [45] und Pentosen [10] konnte in keinem Fall bestätigt werden. Obwohl nach Angaben von *F. Micheel* (1956 [46]) Cellobiose in der Natur weder in freier Form noch als Glykosid vorkommen soll, ist nach unserer Ansicht der Nachweis von Cellobiose an Hand der verschiedenen Chromatogramme eindeutig. Neben den Rf-Werten ist besonders eindeutig das Bild 5, in dem ohne eine graphische Bearbeitung sehr gut Flecken in

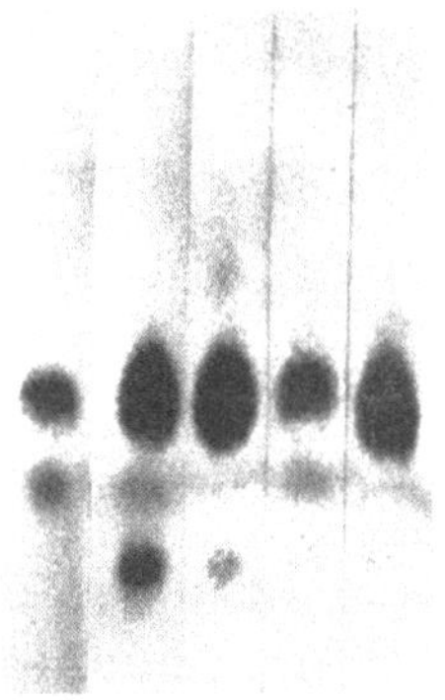

Bild 5. Aufsteigendes Chromatogramm der natürlich vorkommenden freien Zucker in Baumwollen verschiedener Anbaugebiete.
1 Vergleichssubstanzen — 2 Sowjetische Baumwolle 1. Sorte — 3 Sowjetische Baumwolle 6. Sorte — 4 Ägyptische Baumwolle Karnak — 5 Amerikanische Baumwolle Upland

Fließmittel: n-Butanol/Dimethylformamid/Wasser 2:1:1 [47]
Papier: Schleicher und Schüll 2043 bM
Entwickler: Silbernitrat [48]

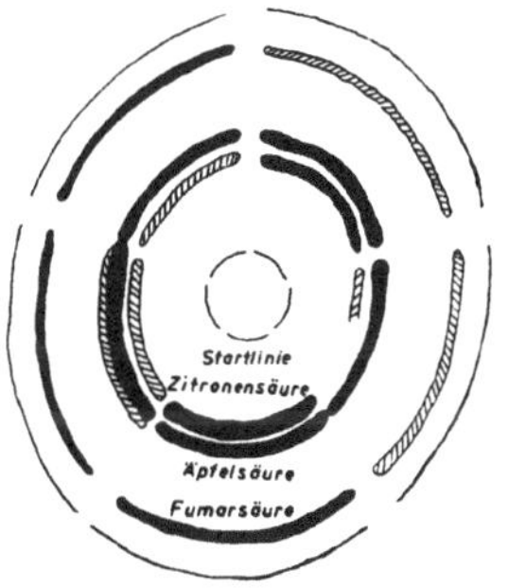

Bild 6. Ringchromatogramm der natürlich vorkommenden organischen Säuren in Baumwollen verschiedener Anbaugebiete

Fließmittel: n-Amylalkohol/5 m-Ameisensäure 1:1 [53]
Papier: Schleicher und Schüll 2043 bM
Entwickler: Methode nach *Schweppe* [54] mit Glucose und Anilin

zwei Fällen sichtbar sind, in denen nach den mitgelaufenen Vergleichssubstanzen Cellobiose auftritt.

Bei den in Bild 5 teilweise noch deutlicher hervortretenden Flecken mit wesentlich kleinerem Rf-Wert als für Cellobiose handelt es sich vermutlich um Cellotriose. Auch sprechen dafür die Rf-Werte in den anderen Fließmitteln. Eine genauere Untersuchung aber konnte aus Mangel an Cellotriose als Vergleichssubstanz nicht durchgeführt werden. Die Anwesenheit von Cellobiose und wahrscheinlich auch von Cellotriose läßt sich nach unserer Ansicht nicht durch Reste des Celluloseaufbaues erklären, sondern es müssen vielmehr Abbauprodukte sein, die durch hydrolytische Einflüsse entstanden sind, wie sie beim Wachstum der Baumwollfaser durch Regen und Atmosphäre vorkommen können. Gegen die Ansicht, die Produkte als Reste des Celluloseaufbaues aufzufassen, spricht auch, daß diese Stoffe nicht bei allen hier untersuchten Baumwollsorten deutlich auftreten. Leider ist die Vorgeschichte der einzelnen Baumwollsorten nicht bekannt, weitere Ausführungen über diese Frage können deshalb nicht gemacht werden. Über die Ergebnisse weiterer Untersuchungen zu diesem Problem wird zu gegebener Zeit berichtet werden.

Wohl einer der zuletzt gefundenen und quantitativ bestimmten Baumwollbegleitstoffe sind die organischen Säuren. Das ist verwunderlich, da der Gesamtsäuregehalt gegenüber anderen Bestandteilen gar nicht so gering ist, wie man vielleicht annehmen könnte. Zum Beispiel haben *McCall* und *Guthrie* [51] an einer rohen amerikanischen Baumwolle gefunden: 0,46% Äpfelsäure, 0,06% Zitronensäure, 0,004% Oxalsäure und 0,31% undefinierte Säuren. 1958 ist von *Gregory* und *Merola* [52] in den undefinierten Säuren auf chromatographischem Weg Fumarsäure nachgewiesen worden.

Die Angaben der verschiedenen Autoren konnten im Gegensatz zu den freien Zuckern bei den organischen Säuren bestätigt werden. Wie aus Bild 6 ersichtlich ist, tritt als Hauptbestandteil Äpfelsäure auf. Mit Abstand folgt die Fumarsäure, die bei den beiden untersuchten sowjetischen Baumwollen aber deutlich geringer auftritt. Ausgedrückt wird diese Erscheinung in der Abbildung, indem die Lage der Ringsegmente nur schraffiert wiedergegeben wird. Das gleiche Resultat, wie es Bild 6 des Ringchromatogramms mit n-Amylalkohol/5 m Ameisensäure 1:1 [53] zeigt, bringen die papierchromatographischen Untersuchungen mit dem Fließmittel sek. Butanol/Ameisensäure/Wasser 75:16:9 [29].

Mit Ausnahme der amerikanischen Baumwolle sind nach diesen chromatographischen Methoden keine weiteren, deutlich sichtbaren Säurebestandteile gefunden worden. Der Ring für die Äpfelsäure bei der amerikanischen Baumwolle hat in allen Chromatogrammen nach höheren Rf-Werten hin eine in der Intensität deutlich abgesetzte Verbreiterung gefunden, ohne daß eine direkte Trennung zwischen beiden Ringsegmenten möglich ist. Eine Klärung dieses Phänomens erfolgte in Anbetracht der andersgearteten Zielsetzung dieser Arbeit nicht.

Tabelle 15. Phosphorgehalte verschiedener kommerzieller Baumwollen unterschiedlicher Vorbehandlung (bezogen auf ihr Trockengewicht)

	P_2O_5-Gehalte [%] von			
	Sowjet. Baumw. 1. Sorte	Sowjet. Baumw. 6. Sorte	Ägypt. Baumw. Karnak	Amerik. Baumw. Upland
Rohfasern (durch Kardieren mechanisch gereinigt)	0,111	0,249	0,186	0,093
Fasern *erst*extrahiert mit Methylenchlorid/Äther	0,111	0,249	0,185	0,095
Fasern anschließend *zweit*-extrahiert mit Äthanol	0,113	0,245	0,182	0,099
Fasern anschließend *dritt*-extrahiert mit Wasser	0,006	0,023	0,017	0,013

4.4 Phosphorverbindungen der Baumwolle

Organische Phosphorverbindungen spielen beim biologischen Celluloseaufbau eine entscheidende Rolle. Mit zunehmender Entwicklung und Reife der Baumwolle nimmt der Gehalt an organischen Phosphorverbindungen ab und der Gehalt an anorganischen Phosphorverbindungen zu. Organische Phosphorverbindungen von großer Bedeutung sind: Glukose-6-phosphat, Fruktose-6-phosphat, Fruktose-1,6,-diphosphat, Phytin (Inosit-hexa-phosphorsäure), Phosphoglycerinsäure.

Die bei den vorliegenden Untersuchungen angewendeten organischen Lösungsmittel erniedrigen den Phosphorgehalt nicht (s. Tabelle 15). Damit ist ausgeschlossen, daß ein beträchtlicher Teil des Phosphors in Form der sauren Phosphorsäureester vorkommt, weil diese zum größten Teil in Äthanol sehr leicht löslich sind. Ebenso ist durch die Phosphorabnahme bei der Heißwasserbehandlung erwiesen, daß der größte Teil nicht als unlösliches Erdalkaliphosphat vorliegt.

Es sind also im wesentlichen wasserlösliche Phosphate in der Baumwolle anwesend, wobei anzunehmen ist, daß nicht nur anorganische, sondern auch Salze der oben beschriebenen sauren Phosphorsäureester auftreten können. Damit ist bei der industriellen Veredlung der Baumwolle eine Verwendung von hartem Wasser nicht ratsam, weil durch die Bildung von wasserunlöslichen Erdalkaliphosphaten eine Erhöhung des Aschegehaltes eintritt. Über weitere Ergebnisse, die sich aus diesen Zahlen ableiten lassen, wird im letzten Kapitel dieser Arbeit berichtet werden.

(Schluß folgt in Heft 4/1964)

Kurze Mitteilungen[1]

Ein Verfahren zur Auswertung von Scheueruntersuchungen an textilen Flächengebilden durch β-Strahlenabsorption

DK 620.178.162.4:539.124

Für die Auswertung von Scheueruntersuchungen an textilen Flächengebilden gibt es eine Reihe von Möglichkeiten, z. B. Bestimmung des Masseverlustes, des Festigkeitsverlustes sowie die Angabe der Scheuertouren bis zur ersten sichtbaren Gewebezerstörung. Je nach Art des Einsatzes der textilen Flächengebilde wird man das eine oder andere Verfahren zur Auswertung heranziehen.

Allen diesen Verfahren haftet der Nachteil an, daß man nicht ohne weiteres auf die Verteilung der Scheuerintensität über die gescheuerte Fläche schließen kann. Für solche Fälle, in denen Aussagen über diese Verteilung getroffen werden sollen, bietet sich die β-Strahlenabsorption an. Mit dieser Methode, die im folgenden beschrieben wird, können exakte Angaben über die Flächenmasseverteilung und damit über die Verteilung der Scheuerintensität gemacht werden.

Voraussetzung für die Bestimmung der Flächenmasse textiler Flächengebilde aus der Absorption von β-Strahlen ist das Vorliegen einer Eich-(Absorptions-)Kurve (Zusammenhang zwischen der hinter dem Absorber gemessenen β-Strahlenintensität und gravimetrisch ermittelter Flächenmasse). Dabei ist es grundsätzlich notwendig, für jede Faserstoffart eine gesonderte Absorptionskurve aufzunehmen, da der Absorptionskoeffizient von Faserstoff zu Faserstoff — wenn auch mitunter nur sehr gering — unterschiedlich sein wird. Dagegen wirkt sich bei Geweben die Art der Gewebekonstruktion (Bindungsart, Gewebedichte) gar nicht oder nur sehr geringfügig aus, wie auch von anderer Seite bestätigt wurde [1]. Das bedeutet, daß Gewebe mit unterschiedlicher Bindungsart und Einstellung gleiches Absorptionsvermögen zeigen, wenn sie aus dem gleichen Faserstoff bestehen und die Flächenmassen übereinstimmen.

Als *Strahlenquellen* dürften sich ^{85}Kr und ^{90}Sr/^{90}Y für Absorptionsmessungen an textilen Flächengebilden besonders bewähren, zumal mit deren Strahlungen ein Flächenmassebereich von 50 g/m² bis 6000 g/m² erfaßt werden kann[2].

Bei der Aufnahme der Absorptionskurve sowie bei der nachfolgenden Auswertung ist stets auf eine genau definierte Geometrie (Abstand zwischen radioaktivem Präparat und Absorber bzw. zwischen Absorber und Strahlendetektor) zu achten, da die Lage des Meßgutes Einfluß auf das Meßergebnis haben kann. Am zweckmäßigsten baut man radioaktives Präparat und Strahlendetektor (z. B. *Geiger-Müller*-Zählrohr) in einen Meßbügel ein und gibt dem textilen Flächengebilde eine bestimmte Lage[3].

Die *Auswertung* der Scheueruntersuchungen ist dann in sehr einfacher Weise vorzunehmen. Zunächst wird eine Absorptionskurve aufgenommen (falls für das jeweilige Fasermaterial noch keine vorliegen sollte), wobei es im allgemeinen genügt, die Flächenmassevergrößerung durch Falten der Probe zu erreichen (Bild 1). Dabei ist es vorteilhaft, die *relative* Impulsrate anzugeben, um einerseits den Aktivitätsabfall des radioaktiven Präparates nicht laufend korrigieren zu müssen und um andererseits unterschiedliche Messungen auf Grund des Plateauanstieges des *Geiger-Müller*-Zählrohres auszuschalten.

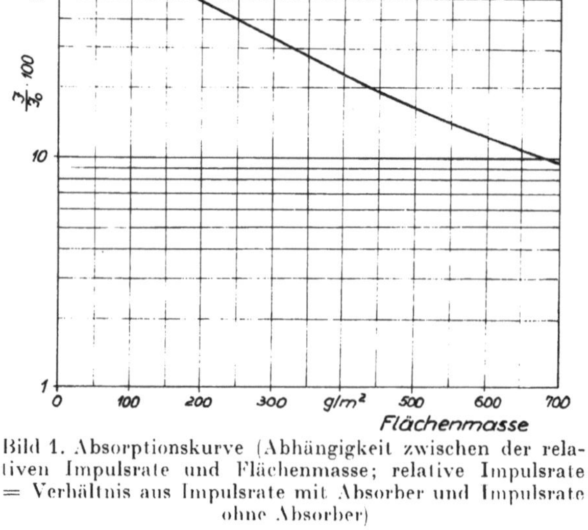

Bild 1. Absorptionskurve (Abhängigkeit zwischen der relativen Impulsrate und Flächenmasse; relative Impulsrate = Verhältnis aus Impulsrate mit Absorber und Impulsrate ohne Absorber)

[1] Die Veröffentlichung der „Kurzen Mitteilungen" erfolgt unter alleiniger Verantwortung der Verfasser.

[2] Bezüglich der Eigenschaften dieser Strahlenquellen vgl. [2].

[3] Die Beschreibung eines am Institut für Textiltechnik der Technischen Universität Dresden für derartige Zwecke gebauten Meßbügels mit speziellem Strahlungskopf erfolgt in dieser Zeitschrift.

Zweckmäßigerweise wird entsprechend dem Absorptionsgesetz

$$I = I_0 \cdot e^{-\mu' \cdot F}$$

für die (relative) Impulsrate (Ordinate) ein logarithmischer Maßstab gewählt.

Nach dem Scheuern teilt man die Prüfprobe in vorher festgelegte Abschnitte ein und bestimmt die Impulsrate (Impulse je Zeiteinheit). Die zu dieser Impulsrate gehörende Flächenmasse wird aus der Absorptionskurve abgelesen, und gemäß der Beziehung

$$MV = \frac{FM_{\text{vor}} - FM_{\text{nach}}}{FM_{\text{vor}}} \cdot 100\%$$

wird der Masseverlust MV bestimmt (FM_{vor} = Flächenmasse vor dem Scheuern, FM_{nach} = Flächenmasse nach dem Scheuern). Gegebenenfalls können die an gleichen Stellen bestimmten Meßwerte zur Erhöhung der Aussagefähigkeit gemittelt werden.

Diese Methode, die mit wenig Aufwand Aussagen über die Flächenmasseverteilung[4]) und somit über die Verteilung der Scheuerintensität zuläßt, eignet sich sehr gut zum Vergleich von Scheuerprüfgeräten untereinander, zur Bestimmung des Scheuereffektes der verschiedenen Scheuerprüfgeräte, zur Aufnahme von Scheuerkennlinien sowie zur Auswertung von Trageversuchen (Bestimmung des Flächenmasseverlustes an scheuerexponierten Stellen; Repräsentationsgüte!). Erste Untersuchungen wurden mit dieser Methode am Reibungspulsator nach *W. Bobeth* [3] durchgeführt; die Veröffentlichung der Ergebnisse erfolgt demnächst in dieser Zeitschrift.

[4]) Eine gravimetrische Bestimmung wäre auf Grund der kleinen Probenabmessungen zu ungenau bzw. setzt besonders sorgfältiges Arbeiten voraus.

Literatur

[1] *Haase*, Forschungsinstitut für Textiltechnologie Karl-Marx-Stadt, persönliche Mitteilung.
[2] *Heger, A.*, Die Anwendung von radioaktiven Strahlenquellen in der Textilindustrie. Teil III. Dicken- und Dichtemessungen, Bestimmung von Flächenmassen. Faserforsch. u. Textiltechn. **13** (1962) 7, S. 318—325.
[3] *Bobeth, W.*, Ein neuer Scheuerfestigkeitsprüfer (Reibungspulsator) und seine Anwendung. Faserforsch. u. Textiltechn. **7** (1956) S. 63—73.

Adolf Heger
Institut für Textiltechnik.
der Technischen Universität Dresden

Eingegangen am 9. Dezember 1963

Neue Bücher

Manual of Cotton Spinning. Vol. II, Part 1. The Characteristics of Raw Cotton. Von *E. Lord.* Manchester and London: The Textile Institute and Butterworths 1961. IX, 333 S. 8°. Kldr. 45/- s.

Der weit über die Grenzen seines Landes bekannte Baumwollfachmann behandelt in dem vorliegenden Werk, das zur Reihe „Manual of Cotton Spinning" gehört, das Gebiet der Prüfung und Beurteilung von Baumwolle.

Ausgehend von der Struktur der Baumwollfasern werden in 11 weiteren Kapiteln nicht nur die für die Klassifizierung, sondern auch die für den Spinner wichtigen Prüfverfahren an Baumwolle und die dafür erforderlichen Geräte beschrieben. Neben der Faserlängenmessung (Klassiererstapel, Längenmessung mit den verschiedensten Geräten) werden die Möglichkeiten zur Bestimmung der Faserreife, der Faserfeinheitsgrößen, die Luftstromprüfung als kombinierte Feinheits-Reifeprüfung, die Bündelfestigkeit und die Abfallbestimmung mit dem Shirley Analyser behandelt. Aber auch die übrigen physikalischen Eigenschaften der Baumwollfasern finden in gedrängter Form Berücksichtigung. Eine zusammenfassende Darstellung der besonders für die Baumwollprüfung wichtigen Probenahme würde eine wertvolle Ergänzung des Inhaltes darstellen.

Von den für die Baumwolltestung bekannten Geräten und Verfahren werden hauptsächlich die in den USA und im Vereinigten Königreich angewendeten beschrieben, was jedoch nicht zum Nachteil gereicht. Besonders wertvoll ist das Buch durch seine vielen praktischen Hinweise zu den jeweiligen Versuchsdurchführungen und seine kritischen Stellungnahmen zu den einzelnen Verfahren.

Neben der Beschreibung der Prüfverfahren wird auch sehr ausführlich die Klassifizierung der Baumwolle, insbesondere der amerikanischen und der ägyptischen, behandelt.

Wie vom Verleger angekündigt, ist das Buch nicht nur für Textilstudenten, sondern auch für Laboranten gedacht. Damit dürfte jedoch keineswegs der Interessenkreis erschöpft sein. Sowohl der Spinnereifachmann als auch der Textilprüfer finden in dem Buch eine vollständige Darstellung aller mit der Baumwolltestung zusammenhängenden Probleme.

W. Kittelmann

Cellulose Pulp and Allied Products. Von *J. Grant*, London: Leonhard Hill 1958. XVI, 512 S. Lw. 50 s.

Das Buch von einem der bekanntesten englischen Fachexperten auf dem Gebiet der Zellstoff- und Papierherstellung, *J. Grant*, stellt die dritte Ausgabe von „Wood Pulp" dar, die gründlich überarbeitet und um etwa ein Drittel erweitert ist. Dabei entsprechen die neuen Kapitel durchaus den besonderen Wünschen der englischen Holzverarbeitungsindustrie nach neuen Rohstoffen und behandeln vorwiegend die Verarbeitung von tropischen Harthölzern und Einjahrespflanzen (Stroh, Espartogras und Bagasse) zu Papierstoff. Leider kommen dadurch die den Leserkreis dieser Zeitschrift interessierenden Kapitel über die Chemie und Technologie der Sulfit- und Sulfatkochung etwas zu kurz — nur ein Fünftel des Gesamtumfangs — und enthalten im Vergleich zu den Büchern von *Nepenin* und *Hentschel* keine neuen Gesichtspunkte. Hierbei vermißt man auch einige für die Herstellung von Textilzellstoffen wichtigen Verfahren, wie z. B. die Verwendung von löslichen Basen bei der Sulfitkochung, sowie den Vorhydrolyse-Sulfataufschluß. Als ein weiterer Nachteil des Buches ist die in der angelsächsischen Fachliteratur dieser Art bereits sprichwörtlich gewordene geringe Beachtung der Arbeiten von Autoren aus nichtenglischsprachigen Ländern zu nennen. So findet man sehr selten oder überhaupt nicht Namen wie *Freudenberg*, *Jayme*, *Klauditz*, *Treiber* und viele andere. Dagegen empfindet der an die scharfe Trennung zwischen Monographien und Laboratoriumshandbücher gewohnte deutsche Leser als eine positive Seite des *Grant*schen Buches die sehr gute und in sich abgeschlossene Behandlung der physikalischen und chemischen Zellstoff- und Papierprüfmethoden, die im wesentlichen auf den TAPPI-Standards beruht und gerade deshalb eine gute Ergänzung zu dem für jeden Zellstoffchemiker hierzulande unentbehrlichen Handbuch von *Sieber* darstellt.

Alles in allem, trotz der genannten Mängel, kann man dem an Erweiterung seiner Kenntnisse über die Grenzen des europäischen Festlandes hinaus interessierten Zellstoff- und Papierpraktiker den *Grant* nur empfehlen. Die Ausstattung des Buches ist gut und die Qualität der z. T. sehr eindrucksvollen Abbildungen ausgezeichnet. *T. Lukanoff*

Das Färben von Hutfilzen unterhalb Kochtemperatur unter Zusatz von Färbebeschleunigern. Von *Hans Günther Fröhlich*: Forschungsbericht des Landes Nordrhein-Westfalen. Nr. 1287, Köln und Opladen: Westdeutscher Verlag 1963. 33 S. Kart. DM 15,80.

Der vorliegende Forschungsbericht behandelt das Problem, beim Färben von Hutfilzen den Färbeprozeß durch Anwendung von Färbebeschleunigern hinsichtlich der Färbetemperatur zu verkürzen und eventuell die Färbetemperatur herabzusetzen, um zu einer entscheidenden Qualitätsverbesserung zu kommen. Bei den Untersuchungen wurde festgestellt, daß Carrier, wie sie zum Färben von synthetischen Fasern eingesetzt werden, für das Färben von Wolle bzw. Kaninhaar kaum geeignet sind. Als brauchbar haben sich gewisse Alkohole, wie z. B. Butyl-, Amyl- oder Benzylalkohol, erwiesen. Es ergab sich, daß bei Zusatz von Benzylalkohol bei losem Material die Aufziehgeschwindigkeit der untersuchten Farbstoffe erheblich erhöht werden kann unter Anwendung einer niedrigeren Färbetemperatur (60 bis 80 °C).

Auch am fertig gewalkten Haarhutstumpen zeigt sich bei Verwendung von Benzylalkohol als Färbebeschleuniger eine deutliche Erhöhung der Aufziehgeschwindigkeit. Die Versuche wurden mit ausgesuchten Egalisierungsfarbstoffen, schwach sauren Wollfarbstoffen und 1,2-Metallkomplex-Farbstoffen durchgeführt.

Leider zeigte sich bei den Untersuchungen, daß beim Zusatz von Benzylalkohol das Egalisiervermögen der angewandten Farbstoffe nicht erhöht wird, so daß hinsichtlich des Ausegalisierens kein Zeitgewinn erhalten wird. Daraus ergibt sich, daß der Zusatz von Färbebeschleunigern in der Hutfärberei reale Vorteile nicht ergibt. *G. von Hornuff*

Methoden der Organischen Chemie (*Houben-Weyl*). Vierte völlig neu gestaltete Auflage. Herausgegebe von *Eugen Müller*, unter besonderer Mitwirkung von *O. Bayer*, *H. Meerwein*, *K. Ziegler*. Band XIV/2. Makromolekulare Stoffe, Teil 2. Bearbeitet von *H. Herlinger*, *M. Hoffmann*, *E. Husemann*, *E. Istel*, *W. Kern*, *H. Krimm*, *E. Müller*, *H. Rinke*, *R. Schmitz-Josten*, *P. Schneider*, *R. C. Schulz*, *G. Spielberger*, *R. Wegler*, *R. Werner*. Stuttgart: Georg Thieme 1963. LXXII, 1251 S. 22 Abb., 1 Porträt und 55 Tab. Moleskin geb. DM 272,—.

Ein neuer *Houben-Weyl*-Band bedarf in Kreisen von Fachkollegen kaum einer Empfehlung, wird doch erfahrungsgemäß jeder neue Band dieser Enzyklopädie der organisch-chemischen Laboratoriumsmethoden sofort nach Erscheinen als unentbehrliches Nachschlagewerk in den Bibliotheksbestand der meisten Forschungsstätten eingereiht, die sich mit experimenteller Organischer Chemie im weitesten Sinne beschäftigen. In vielen Hochschul- und Akademieinstituten, in Forschungs- und Entwicklungsstellen der Industriebetriebe und in Industrieinstituten dürfte daher zum Zeitpunkt der Veröffentlichung dieser Besprechung des Bandes XIV/2 schon mit Selbstverständlichkeit von der Materialfülle Gebrauch gemacht werden, die in diesem Gemeinschaftswerk von erfahrenen Praktikern ihres Faches aus Leverkusen, Dormagen, Uerdingen, Freiburg i. Br. und Mainz vortrefflich dargeboten wird. Für diejenigen unter den Fachkollegen, die bisher noch keine Gelegenheit hatten, den neuen Band zu nutzen, sei nachstehend ein kurzer Abriß seines Inhalts gegeben. Die Vielfalt des Stoffes erlaubt es verständlicherweise nur, auf einige wenige der behandelten Probleme im einzelnen einzugehen.

Polykondensation, Polyaddition und Polymerisation von cyclischen Monomeren mit Heteroatomen als Ringglieder nehmen als Methoden zur Herstellung von Polymeren auf rund 600 Seiten zwei Drittel des Raumes ein, der ausführlich-beschreibenden Darstellungen oder Diskussionen von wissenschaftlichen Veröffentlichungen, von bisher unveröffentlichten Erfahrungswerten aus den Industrielaboratorien der Farbenfabriken Bayer AG. und vor allem von Patentschriften gewidmet ist (Abschnitt A_2).

Polymeranaloge Umsetzungen an synthetischen und natürlichen makromolekularen Stoffen, Vernetzungsreaktionen von Polymerisaten und Verlauf des thermischen Abbaus bei Polymerisaten werden in einem zweiten beschreibenden Abschnitt (*B*) behandelt, der sich über ca. 300 Seiten erstreckt.

Im Abschnitt *C* schließlich folgt eine Übersicht über die wichtigsten Methoden zur Strukturermittlung makromolekularer Stoffe. Dieser Abschnitt ist in seinem Textteil als Ergänzung zu den schon in den präparativen Kapiteln verschiedentlich mitgeteilten Hinweisen über analytische Methoden gedacht und darum kurzgefaßt worden. Er gliedert sich in folgende Kapitel: I. Hinweise zur Durchführung chemischer Analysen makromolekularer Stoffe (Qualitative und Quantitative Analysen). II. Hinweise zur Bestimmung von Struktureinzelheiten makromolekularer Stoffe. Am Beispiel des Polyisoprens wird ein kurzer Einblick in die Planung und Durchführung strukturanalytischer Untersuchungen an Polymerisaten gegeben. Es folgen knapp formuliert die wesentlichen Prinzipien zur Ermittlung der Struktur des Einzelmoleküls (Atome, Atomabstände, Bindungsart, Atomgruppen, lineare Struktur oder Verzweigung, Makromoleküle in Lösung) und Angaben über die Bestimmung der Zusammensetzung von polymerhomologen Gemischen und Polymerisatmischungen sowie zur Untersuchung der Struktur übermolekularer Ordnungen. III. Literatursammlung über Analysenmethoden und -ergebnisse. Hier sind auf 100 Seiten in Kleindruck und eng aneinandergereiht Literaturzitate mit Stichworterklärungen über physikalisch-chemische und physikalische Untersuchungsmethoden aufgeführt. Mit dieser Bibliographie wird jedem, der sich in eines der Spezialgebiete einarbeiten möchte, bereits eine Fülle vorgeordneten Materials dargeboten. Selbst der Fachmann mit einer Spezialkartei wird aus dieser vergleichenden Literaturübersicht noch manchen nützlichen Hinweis auf Randprobleme seiner Thematik entnehmen können. Durch die Aufnahme zahlreicher sowjetischer Arbeiten und vieler Veröffentlichungen auch in weniger verbreiteten Zeitschriften aus aller Welt ist eine umfassende Informationsmöglichkeit gegeben. Dieser Vorzug gilt im wesentlichen auch für die Literaturangaben in den Abschnitten A_2 und *B*.

Der Abschnitt A_2 bietet für den an linearen, faserbildenden Heterokettenpolymeren interessierten Fachkollegen eine Fülle von Fakten. Von besonderem Interesse für diesen Benutzerkreis dürften dabei die Kapitel I (Polycarbonsäureester), II (Polycarbonate), III (Polyurethane), IV (Polyamide) und VII (Polyacetale und Polysulfide) sowie die Punkte des Kapitels VI sein, die sich mit der Polymerisation von Trimethylenoxid, Tetrahydrofuran, cyclischen Acetalen, Lactonen und von cyclischen Monomeren mit Stickstoff als Ringglied (Äthylenimine, Oxazolidine und Oxazolidone) befassen. Im Vergleich zu dem ausgezeichnet gelungenen Polyamidkapitel von *H. Rinke* und *E. Istel* erscheint das erste Kapitel in A_2 über Polyester von *Erwin Müller* bei aller notwendigen Gedrängtheit der Darstellung zu knapp und insbesondere für Polyäthylenterephthalat (PÄT) recht unübersichtlich. Diesem technisch so bedeutsamen Polymeren (Schmp. nicht 256 °C, sondern 265 °C) hätte man von der Diglykolesterdarstellung ausgehend einen speziellen Unterabschnitt widmen sollen, in dem auch einige klärende Hinweise über die aus der Vielzahl patentierter Katalysatoren (und Katalysatorenkuriositäten) zu wählenden brauchbaren Katalysatormischungen angebracht gewesen wären. Der Rezensent vermißt hier weiterhin Angaben über die Terephthalsäure-glykolester-Oligomeren von *Zahn* sowie *Goodman*, über Viskosimetrie und Fraktionierung von PÄT (Zitat 5 auf Seite 7 bezieht sich nicht, wie fälschlicherweise im Text und Register angegeben ist, auf PÄT, sondern nur auf die Fraktionierung benzollöslicher aliphatischer Polyester).

Das vom gleichen Autor verfaßte Kapitel III findet der Rezensent insbesondere für den an elastischen Fasern interessierten Leser beachtenswert.

Verständlicherweise nehmen im Polyamid-Kapitel IV die Caprolactampolymerisation und die Polykondensate vom Diamin-Dicarbonsäure-Typ einen besonders breiten Raum ein. Hier seien dem Rezensenten einige Empfehlungen gestattet. Zunächst sind leider die ausführlichen und sehr gründlichen Arbeiten von *Strepicheev* und *Skuratov* über die Polymerisationsfähigkeit von Lactamen in Abhängigkeit von Ringgröße und Substituenten unberücksichtigt geblieben. Die Beispiele für anionische Caprolactampolymerisation sollten in Zukunft auf die durch N-Alkyl-diacylimide und verwandte Cokatalysatoren regulierte Polymerisation beschränkt werden, da alle übrigen Verfahren der Lactamschnellpolymerisation nur noch von historischem Interesse sind. Unter den Zitaten zur anionischen Caprolactampolymerisation fehlen die neueren Veröffentlichungen von *Wichterle* (Vortrag auf dem IUPAC-Symposium in Wiesbaden 1959 und die Übersichtsarbeit des gleichen Autors in Fortschr. Hochpolymeren-Forsch. 2 (1961) S. 578). Die Monographie von *Dawydoff* ist inzwischen in einer neuen, wesentlich erweiterten und ergänzten Auflage (1959) erschienen. Der Interessent mit Russischkenntnissen findet schließlich in dem von *V. V. Koršak* und *T. M. Frunze* verfaßten und 1962 bei Izd. Akad. Nauk SSSR in Moskau erschienenen umfangreichen Buch „Sintetičeskie getero-

Professor Dr.-Ing. *Herbert Sommer* 70 Jahre

Wenn Prof. Dr.-Ing. *H. Sommer* am 2. März 1964 sein 70. Lebensjahr vollendet, kann er auf über 40 Jahre fruchtbarer Tätigkeit auf dem Textilprüfgebiet zurückblicken. Nach dem Besuch der Höheren Webschule in Chemnitz beendete er sein anschließendes Studium an der Technischen Hochschule Dresden 1923 mit der Promotion bei *Ernst Müller*. Das von ihm in dieser Arbeit angegebene „Doppelbart-Verfahren" zur Faserlängenmessung trägt schon alle Züge der Gründlichkeit und Exaktheit, die auch in seinen weiteren über 100 wissenschaftlichen Veröffentlichungen und seinen vielen unveröffentlichten Untersuchungen immer wieder hervortreten. Anfang der zwanziger Jahre begann *H. Sommer* seine wissenschaftliche Tätigkeit auf dem Gebiet der Textilprüfung — die ihm dann zur Lebensaufgabe wurde — im Staatlichen Materialprüfungsamt in Berlin-Dahlem. Ihm gehörte er bis zum Ende des zweiten Weltkrieges, zuletzt als Hauptabteilungsleiter, an. Von 1949 bis zum Erreichen der Altersgrenze im Jahre 1959 war er dann als Leiter der Abteilung „Textilprüfung und Textilveredlung" im Institut für Faserstoff-Forschung der Deutschen Akademie der Wissenschaften zu Berlin in Teltow-Seehof tätig.

Schon im Jahre 1926 versuchte *H. Sommer*, die Ungleichmäßigkeit textiler Materialien durch eine Kenngröße zu beurteilen. Die von ihm entwickelte Formel wurde unter der Bezeichnung *„Sommer'sche Ungleichmäßigkeit"* in der gesamten Fachwelt bekannt und wird noch heute in vielen Ländern in der ursprünglich von ihm angegebenen Weise verwendet. Viele seiner in den dreißiger Jahren entstandenen Arbeiten tragen so grundsätzlichen Charakter, daß sie ihren Niederschlag in der deutschen Prüfverfahrensnormung fanden. Es ist daher nicht verwunderlich, daß *H. Sommer* im ersten, 1937 erschienenen Normblatt, das die hauptsächlichsten Prüfverfahren umfaßte, weitgehend sein Gedankengut verankern konnte.

Sehr oft hat *H. Sommer* in Taschenbüchern die die Textilprüfung behandelnden Abschnitte geschrieben, so z. B. in der „Hütte", der „Stoff-Hütte" und im „Lunge-Berl". Krönung seiner Lebensarbeit stellt aber unzweifelhaft die Herausgabe des Bandes V „Die Prüfung der Textilien" des „Handbuchs der Werkstoff-Prüfung" dar, der 1960 erschien. Hierbei hat er es verstanden, die Beiträge von etwa 20 Autoren in einer Weise zusammenzufassen und durch eigene Beiträge zu ergänzen, die in der gesamten Fachwelt Anerkennung fand. Seine Freude an der Gemeinschaftsarbeit findet auch heute noch sichtbaren Ausdruck in seiner noch immer sehr aktiven Mitarbeit in vielen Fachausschüssen, die seinen tatkräftigen Einsatz stets zu schätzen wissen.

Der „Faserforschung und Textiltechnik" ist *H. Sommer* nicht nur durch die Veröffentlichung wertvoller Arbeitsergebnisse aus den Jahren seiner Tätigkeit im Institut für Faserstoff-Forschung verbunden; durch sein Urteil und fördernde Anregungen unterstützte er Herausgeber und Schriftleitung in dankenswerter Weise beim Aufbau der Zeitschrift. Mit seinen früheren Kollegen und Mitarbeitern im Institut für Faserstoff-Forschung, denen er stets mit Rat und Tat verständnisvoll zur Seite stand, wünschen wir dem Jubilar noch viele Jahre voller Gesundheit und Wohlergehen.

Die Herausgeber

Neue Bücher (Fortsetzung)

cepnye poliamidy" eine ausgezeichnete, neueste Literaturübersicht über das gesamte Polyamidgebiet. Diese Ergänzungen lassen erkennen, daß der von *Rinke* und *Istel* mit bester Sachkenntnis behandelte Themenkomplex noch immer stark im Anwachsen begriffen ist. In Kapitel IV werden weiterhin Umsetzungen an Polyamiden, ihr Abbau und die Stabilisierung der Polyamide gegen thermischen und photochemischen Angriff abgehandelt. Danach wird außer der Besprechung polyamidähnlicher Verbindungen (Methylenpolyamide, Polyimide, Polyharnstoffe, Polythioharnstoffe, Polyaminotriazole, Polysulfonamide) auch analytischen Untersuchungsmethoden für Polyamide dankenswerterweise genug Raum gegeben.

Kapitel V (Phenol-Formaldehyd-Harze und ähnliche Verbindungen) sowie VI (hauptsächlich Epoxyde) sind naturgemäß für den an faserbildenden Hochpolymeren interessierten Leser von mehr akademischer Bedeutung. Das Spezialkapitel VII gibt Einblick in neuere Richtungen der präparativen makromolekularen Chemie und ist den an Grundlagenuntersuchungen auf solchen Gebieten arbeitenden Kollegen sehr zu empfehlen.

Gleiches gilt für den gesamten Abschnitt *B*, in dem nach allgemeinen Hinweisen von *W. Kern* und *R. C. Schulz* im Kapitel II polymeranaloge Alkylierungen, Acylierungen, Halogenierungen, Chlormethylierungen, Sulfonierungen, Sulfochlorierungen, Nitrierungen und Hydrierungen von Polymerisaten — insbesondere von Polystyrol — behandelt werden. Es folgen Beschreibungen von Umwandlungen funktioneller Gruppen in Kohlenstoffkettenpolymeren wie beispielsweise Polyvinylalkohol, Polyvinylestern, Polyacryl- und -methacrylsäure-estern, in Polyacrolein und -methacrolein und Angaben über eine Fülle von Folgereaktionen an polymeranalog modifizierten Makromolekülen. Schließlich werden Beispiele über die Vernetzung von Polymerisaten aus Mono- und Divinylverbindungen aufgeführt sowie Mechanismen, Methoden und Ergebnisse des thermischen Abbaus von Polymerisaten diskutiert. Kapitel III von *B* sei hier nur mit seiner Überschrift „Umwandlung von Naturkautschuk" für speziell interessierte Leser erwähnt.

Im IV. Kapitel beschreiben und diskutieren Frau Prof. *E. Husemann* und *H. Werner* typische Beispiele für die Umwandlung von Cellulose und Stärke durch chemische Reaktionen. Einleitenden Bemerkungen über Lösungsverhalten von Cellulose folgen Veresterungsvorschriften für die Umsetzung von Cellulose mit HNO_3, H_2SO_4, H_3PO_4, aliphatischen Carbonsäuren und mit Sulfonsäuren. Viskose, Celluloseäther und Cyanäthylierungsprodukte der Cellulose sind die wichtigsten weiteren Substanztypen, die in diesem Kapitel behandelt werden. Eine tabellarische Zitatenübersicht über neuere Cellulosederivate beschließt diesen Teil; die Darstellungen werden durch die Besprechung chemischer Umsetzungen an Stärke abgerundet.

Der zweite Teil des „Makromolekularen *Houben-Weyl*" ist — soviel kann nach einigem Gebrauch gesagt werden — eine Fundgrube für jeden Organiker, der sich der präparativen Makromolekularen Chemie verschrieben hat. Auch Analytiker, Physikochemiker und Physiker sollten es nicht versäumen, sich darin über Methoden der Strukturaufklärung und Charakterisierung von Hochpolymeren zu informieren.

Der Preis dieses von Fachleuten der ersten Reihe mit klugem Fleiß verfaßten Bandes wird schon durch die Hilfe aufgewogen, die das Buch bei der täglichen Laboratoriumsarbeit bietet. Darüber hinaus kann man den Wert der Anregungen nicht hoch genug einschätzen, die man bei der Lektüre dieses ersten großen deutschsprachigen Übersichtswerkes über die reine und angewandte Makromolekulare Chemie empfängt. Wer neue Wege auf diesen Gebieten gehen will, sollte den Band häufig zu Rate ziehen. *G. Reinisch*

Vorbereitungsmaschinen für die Weberei. Von *J. Schneider*. Zweite neubearb. u. erweit. Auflage. Berlin/Göttingen/Heidelberg; Springer 1963. 413 S., 531 Abb. 29 Tab. Ganzlwd. DM 64,—.

Die erste Auflage dieses vielbeachteten Werkes erschien im Jahre 1955 und enthielt den damals neuesten Stand der Technik auf dem Gebiet der Webereivorbereitungsmaschinen. Es war das Jahr, in dem die 2. Internationale Textilmaschinenausstellung in Brüssel stattfand. Inzwischen folgten die 3. und die 4. Internationale Textilmaschinenausstellung in Mailand bzw. in Hannover. Dadurch wurden, wie auf allen Gebieten der Textiltechnik, auch für die Webereivorbereitung neue Maßstäbe gesetzt. Obwohl seit dem Erscheinen der ersten Auflage bis zur Herausgabe der zweiten nur 8 Jahre vergangen waren, stand der Verfasser vor der umfangreichen Aufgabe, die Fülle der inzwischen angelaufenen neuen Erkenntnisse ohne wesentliche Schmälerung der Grundsubstanz des Buches, aber auch ohne größere Erweiterung des Umfanges einzuarbeiten. Die Lösung dieser schwierigen Aufgabenstellung konnte nur einem herausragenden Fachmann gelingen, und nach der Lektüre der zweiten Auflage kann vollauf bestätigt werden, daß dieses Vorhaben in optimaler Weise gelungen ist. Für diese Leistung gebührt dem Verfasser Dank und höchste Anerkennung.

Die zweite Auflage ist neubearbeitet und erweitert worden. Dabei konnte aber die bewährte Gliederung beibehalten werden. Durch teilweise erhebliche Kürzungen des Textes der ersten Auflage und durch Kleindruck wurde ein Teil des Platzes zur Darstellung der Neuerungen gewonnen. Trotz dieser Maßnahmen ist der Umfang des Buches gegenüber der ersten Auflage gewachsen (1. Auflage 316 Seiten, 2. Auflage 413 Seiten). Dafür gelang aber auch eine in jeder Hinsicht abgerundete Darstellung dieses Fachgebietes unter Einbeziehung des neuesten Standes.

Durch die unvermeidliche Zeitspanne zwischen Redaktionsschluß und Zeitpunkt des Erscheinens bei Buchpublikationen auf technischen Gebieten, die sich in schnellem Fluß befinden, ist bekanntlich das Problem der Aktualität besonders diffizil. Daß auch diese Frage eine glückliche Lösung fand, beweist die vorausschauende Ausarbeitung des Manuskriptes durch den Verfasser.

Das Buch ist wieder gegliedert in Kapitel über Kettgarn-Spulmaschinen, Zwirnmaschinen, Zettel- und Schärmaschinen, Schlichtmaschinen, Vorbereitungsmaschinen für das Einlegen der fertigen Kette und Schußspulmaschinen, die in zahlreiche Abschnitte aufgeteilt worden sind. Neu hinzugekommen sind z. B. ausführliche Darstellungen über elektronische Fadenreiniger sowie über die Knotenbeständigkeit. Die Abschnitte über die Kreuzspulautomaten wurden beträchtlich erweitert. Sehr wertvoll für den Betriebsfachmann ist der aufgenommene Automatentest. Auch Abschnitte über Garnbefeuchtung sind neu hinzugekommen, ferner eine gelungene Übersicht über die Bausch-, Kräusel- und Stretchgarne. Auch im Kapitel über die Schußspulautomaten findet der Leser manche Erweiterung. Durch die Verwendung vorzüglicher Bilder werden die trotz wissenschaftlicher Prägnanz gut verständlichen Ausführungen veranschaulicht. Wo Rechnungen sinnvoll sind, wurden sie eingearbeitet.

Die in der ersten Auflage bereits sehr hohe Güte des für den Druck verwendeten Papiers konnte noch weiter verbessert werden, so daß das Buch auch visuell den denkbar besten Eindruck macht.

Es besteht kein Zweifel, daß die zweite Auflage dieses Werkes wieder eine rege Aufnahme in Fachkreisen finden wird. Alle Betriebsfachleute und Studierenden der Textilindustrie und des Textilmaschinenbaues, die mit der Webereivorbereitung in Berührung kommen, sollten dieses Buch intensiv durcharbeiten. Dadurch verschaffen sie sich eine ganz vorzügliche Wissensposition auf diesem Fachgebiet.

H. Perner

Mikroskopie der Faserstoffe. Von *P.-A. Koch.* 7. erneut erweiterte Auflage. Teildruck T 13 aus „Handbuch für Textilingenieure und Textilpraktiker“, herausgeg. von *O. Spohr* und *E. Wagner.* Wuppertal-Elberfeld: Dr. Spohr-Verlag 1964. VIII, 128 S. 8° Lwd. DM 10,80.

Das kleine handliche Büchlein, das wohl bereits in jedem Textillabor vorhanden sein dürfte, wurde nunmehr in der 7. Auflage herausgegeben. Der Umfang erhöhte sich gegenüber der 6. Auflage von 1959 (Besprechung siehe Faserforsch. u. Textiltechnik **10** (1959) 12, S. 597) von 104 auf 128 Seiten.

Es wurden u. a. folgende neue Kapitel aufgenommen: Im Abschnitt *A* „Geräte und Hilfsmittel der Mikroskopie“ die Phasenkontrastbeleuchtung und in *B* „Mikroskopische Technik“ die Untersuchungen im Polarisationsmikroskop sowie eine Tabelle von Lichtbrechungsexponenten verschiedener, den Faserstoffen gegenüber neutraler Flüssigkeiten sowie diejenigen der wichtigsten Faserstoffe. Dem Abschnitt *C* „Spezielle Mikroskopie der Faserstoffe“ ist die „Einteilung der Faserstoffe“ nach den Faserstoff-Tabellen von *P.-A. Koch* vorangestellt worden. Die Abschnitte *D* „Spezielle mikroskopische Untersuchungen“ und *E* „Tabellarische Übersicht: Mikroskopische Unterscheidungsmerkmale der wichtigsten Textilrohstoffe“ wurden fast unverändert übernommen. Daran anschließend wurde ein neuer Abschnitt *F* „Typ-Reaktionen“ zur Bestätigung des mikroskopischen Befundes bei Chemiefaserstoffen eingefügt, der aus einer zweiundeinhalbseitigen Tabelle besteht. Im Abschnitt *G* „Mikrophotos der Faserstoffe“ wurde die Zahl der Querschnittsbilder von 82 auf 100 erhöht. Als Abschnitt *H* folgt ein „Alphabetisches Verzeichnis der Fabriknamen von Chemiefaserstoffen“ neu, das ebenfalls den „Faserstoff-Tabellen“ von *P.-A. Koch* entnommen worden ist, allerdings in erweiterter Form. Den Abschluß bildet ein „Sachregister“.

Jeder, der mit Faserstoffen zu tun hat, dürfte den handlichen Ratgeber sehr gern in die Hand nehmen, zumal auch die Ausstattung des Buches recht ordentlich ist.

Ch. Ruscher

Der Cysteinsäuregehalt der Wolle, seine Bestimmung und seine Veränderung durch Ausrüstungs-Prozesse. Von *K. Ziegler.* Forschungsberichte des Landes Nordrhein-Westfalen. Nr. 1275. Köln und Opladen: Westdeutscher Verlag 1963. 40 S. Kart. DM 18,50.

Der Cysteinsäuregehalt der Wolle gestattet, Aussagen über die Intensität der Einwirkung von Oxydationsmitteln auf die Faser zu machen. Es ist daher sehr zu begrüßen, daß jetzt die Arbeitsvorschriften für die Durchführung der Analysen einem größeren Kreis zugängig gemacht werden. Im wesentlichen lehnen sie sich an die bewährten, schon seit Jahren in Anwendung befindlichen Vorschriften des Deutschen Wollforschungsinstitutes, Aachen, an. Dabei werden die Fasern mit Salzsäure hydrolysiert und die Bestimmung der Cysteinsäure nach elektrophoretischer Auftrennung colorimetrisch mit Ninhydrin-Cadmium durchgeführt. Ergänzend dazu wird auf eine ganze Reihe weiterer Cysteinsäure-Bestimmungsmethoden eingegangen.

Im Anschluß daran wird eine größere Anzahl von Untersuchungsergebnissen angeführt, die an verschiedenen Wollen und Haaren, nach Erhitzen, Bestrahlen, Bewettern, Bleichen, Filzfreiausrüsten und Karbonisieren der Wolle erhalten wurden.

Das Büchlein ist sehr klar und flüssig geschrieben und wird rasch seine Freunde finden. *H.-J. Flath*

Einfluß der Trocknungsbedingungen beim Schlichten auf die technologischen Eigenschaften und die Entschlichtbarkeit bei Chemiefasern auf Zellulosebasis. Von *W. Bubser.* Forschungsberichte des Landes Nordrhein-Westfalen. Nr. 1300. Köln und Opladen: Westdeutscher Verlag 1963. 49 S. Kart. DM 19,80.

Das Gebiet des Schlichtens und Entschlichtens von Celluloseregeneratfasern ist bisher in der Forschung recht stiefmütterlich behandelt worden, so daß die Kenntnisse darüber im wesentlichen auf der praktischen Erfahrung fußen. Die Schwierigkeiten bei der Bearbeitung dieses Gebietes liegen nicht zuletzt an der bisher mangelhaften meßtechnischen Erfaßbarkeit der Effekte, die durch eine Schlichte hervorgerufen werden, wie Fadenschluß, Fadenglätte und die damit verbundene Verarbeitbarkeit der Fäden. Das kommt indirekt auch in dem vorliegenden Bericht zum Ausdruck.

Der Verfasser untersucht Schlichten auf Stärke- und Proteinbasis auf Zellwolle, Viskose- und Kupfer-Reyon in ihrer Auswirkung auf die nur mittelbar mit der Verarbeitung zusammenhängenden technologischen Eigenschaften der Garne, wie Reißkraft und Reißdehnung, Scheuerfestigkeit und Quellwert. Dabei werden die Trocknungstemperaturen variiert.

Im zweiten Teil werden die Entschlichtungsbedingungen in Abhängigkeit von der Trocknungstemperatur und der Schlichtezusammensetzung beschrieben. — Die Schrift gibt exakte Auskunft über die Laborversuche und dürfte dem Schlichterei-Fachmann wertvolle Hinweise für seine praktische Arbeit erteilen. *H.-J. Flath*

Nachruf

Walter König †

Prof. Dr.-Ing. Dr. rer. nat. h. c.,
Hervorragender Wissenschaftler des Volkes,
Mitglied der Sächsischen Akademie der Wissenschaften zu Leipzig,
korr. Mitglied der Deutschen Akademie der Wissenschaften zu Berlin,
Inhaber der Kekulé-Medaille, der Emil-Fischer-Medaille,
der Gold-Medaille des Vereins Deutscher Textilchemiker,
Ehrenmitglied der Chemischen Gesellschaft in der DDR,
Ehrenbürger seiner Heimatstadt Annaberg.

Am 2. 2. 1964 verschied in Radebeul der langjährige Direktor des Instituts für Farben- und Textilchemie, Prof. (em.) Dr.-Ing. habil. Dr. rer. nat. h. c. *Walter König*, im 86. Lebensjahr. Er wurde auf seinen persönlichen Wunsch im engsten Familienkreis auf dem Friedhof in Radebeul beigesetzt.

Walter König wurde am 1. Mai 1913 zum ordentlichen Professor für Farben- und Textilchemie an die Technische Hochschule Dresden berufen und hatte diesen Lehrstuhl und die Leitung des damit verbundenen Instituts bis zum 30. 9. 1957 inne. In den langen Jahren seiner Lehrtätigkeit hat er einen sehr großen Schülerkreis betreut, und zahlreiche wissenschaftliche Arbeiten sind in gemeinsamer Arbeit mit seinen Schülern aus seinem Institut hervorgegangen.

Die Forschungen von *Walter König* erstrecken sich in erster Linie auf Probleme der Zusammenhänge zwischen Farbe und Konstitution (Dipolkonjunktionstheorie) und auf das von ihm entwickelte Gebiet der Polymethinfarbstoffe. Diese Polymethinfarbstoffe haben ihre besondere Bedeutung als Photosensibilisatoren erlangt. Auch auf textilchemischem Gebiet ist mit seinen Mitarbeitern eine Reihe — zum Teil noch unveröffentlichter — Arbeiten entstanden.

Walter König war nicht nur ein hervorragender Forscher, sondern auch ein Lehrer, der es in ganz besonderem Maße verstand, alle Fähigkeiten, die in seinen Schülern steckten, auf das höchste zu entwickeln. Wir haben alle sehr viel an diesem großartigen Manne verloren. In menschlicher Hinsicht war *Walter König* in seiner bezwingenden Liebenswürdigkeit und großen Bescheidenheit ein leuchtendes Vorbild für alle, die ihm nahestanden.

Walter König sah die ihm verliehenen Gaben und Fähigkeiten immer als eine Gnade des Schicksals an und fühlte sich unablässig berufen, diese Fähigkeiten seinen Schülern durch Anregungen, mit denen er sie z. T. überschüttete, weiterzugeben. Er hatte die große Freude, noch sein Goldenes Professorenjubiläum am 30. 4. 1963 in geistiger Frische feiern zu dürfen. Bei dieser Gelegenheit gab der Senat der Technischen Universität Dresden seinen Dank für die Leistungen *Walter Königs* während seiner Dienstzeit durch Stiftung einer „*Walter-König-Medaille*" zum Ausdruck. Diese Plakette soll für hervorragende Arbeiten auf dem Gebiet der Farben- und der Textilchemie, die an der Technischen Universität Dresden angefertigt werden, an den wissenschaftlichen Nachwuchs verliehen werden. *G. von Hornuff*

Patentschau

Auszug aus Lieferung 23/24/1963 der Patentschau „Faserstoffe und Textiltechnik",
Ausgabe A: Faserstoffe einschl. Kunststoffe und organ. Grundsubstanzen, zusammengestellt von der Abteilung Wissenschaftliches Berichtswesen des Instituts für Faserstoff-Forschung, Teltow-Seehof, Kantstr. 55

Die Patentschau ist nach der deutschen Patentklasseneinteilung gegliedert. Es bedeuten: DAP = Deutsches Ausschließungspatent (DDR); DWP = Deutsches Wirtschaftspatent (DDR); DBR = Deutsches Bundespatent; DAS = (West)-Deutsche Auslegeschrift; OeP = Österreichisches Patent; SchweizP = Schweizer Patent; FP = Französisches Patent; BP = Britisches Patent; SchwedP = Schwedisches Patent; SP = Sowjetisches Patent; ČP = Tschechisches Patent; USP = Amerikanisches Patent; — A = Anmelde-, B = Bekanntmachungs-, E = Erteilungsdatum.

Klasse 29 a

FP 1337249 (Aj.). Verfahren und Vorrichtung zur Herstellung von Fantasiegarnen. Inh.: CTA Compagnie Industrielle de Textiles Artificiels et Synthétiques. A. 16. 5. 62. E. 5. 8. 63. Int. Kl.: D 01 d; D 02 d. A.-Z.: 897723.

FP 1327380. Faserstoff zur Verstärkung und Verfahren zu seiner Herstellung. Inh.: Teikoku Jinzo Kenshi Kabushiki Kaisha. A. 25. 5. 62, E. 8. 4. 63. Int. Kl.: D 01 d; B 29 h; D 01 f. A.-Z.: 898797. Prior.: 26. 5. 61 (Jap.: A.-Z.: 18155/1961).

FP 1327573. Vorrichtung zum Naßspinnen von künstlichen Textilmaterialien. Inh.: Snia Viscosa Societa Nazionale Industria Applicazioni Viscosa. A. 2. 7. 62, E. 8. 4. 63. Int. Kl.: D 01 d. A.-Z.: 902718. Prior.: 12. 7. 61 (Ital.: A.-Z.: 12734/61)

PolnP 47639. Elektrische Vorrichtung zur automatischen Regelung des Viskosedrucks. Erf.: Ing. *J. Wolszakiewicz* u. Ing. *M. Michalski*. Inh.: Tomaszowskie Zaklady Włókien Sztucznych, Tomaszów Mazowiecki (Pol.). A. 3. 10. 62, E. 15. 10. 63. Kl.: 29 a, 6/06.

ČP 108727. Verfahren und Vorrichtung zur kontinuierlichen Herstellung von Chemiefasern. Erf.: Ing. *R. Váca*. Ing. *P. Klukan*, u. *J. Kyčin*. 23. 7. 59/15. 5. 63/15. 10. 63. Kl.: 29 a. 6/07. A.-Z.: 4324/59.

ČP 108702. Verfahren zur Wärmefixierung von Kabeln aus synthetischen Fasern. Erf.: Ing. *J. Joch*. Ing. *M. Kaspar*. Ing. *O. Kaše*. 24. 11. 61/15. 4. 61/15. 10. 63. Kl.: 29 a. 6/08. A.-Z.: 6947/61.

ČP 108743. Verfahren zum Verstrecken von Polyamiden, besonders Fasern aus Polycaproamiden. Erf.: Ing. *I. Diačik*, Ing. *M. Jambrich*, Ing. *P. Hrivnák*, Ing. *M. Javorek* u. Ing. *St. Sélinger*, 23. 2. 61/15. 5. 63/15. 10. 63. Kl.: 29 a. 6/08. A.-Z.: 1091/61.

SP 155593 (Urheberschein). Spulenhalter. Erf. *A. F. Proškor*. A. 28. 9. 62. B. 29. 7. 63. Kl.: 29 a. 6/13. A.-Z.: 796452/28–12.

USP 3103054. Fördervorrichtung und Entwirrvorrichtung für abgestreifte Spulenfadenlagen. Erf.: *R. M. Ingham, jr.*, *R. Ferguson* u. *J. L. Brown*, Inh.: Deering Milliken Research Corp., Pendleton. S. C., A. 19. 12. 56, E. 10. 9. 63. Kl.: 28–19, 27 Anspr. A.-Z.: 629306.

USP 3103055. Zus. z. Pat. m. A.-Z.: 629306. Spulenbehandlungsgerät. Erf.: *R. M. Ingham, jr.*, Inh.: Deering Milliken Research Corp., Spartanburg, S. C., A. 4. 6. 59, E. 10. 9. 63. Kl.: 28–19. 6 Anspr. A.-Z.: 818020.

USP 3103096. Automatische Spulenabnahme- und -aufsteckvorrichtung. Erf.: u. Inh.: *Escursell-Prat, Roberto*, Avenida Mandri 35, Barcelona (Span.). A. 30. 6. 60, E. 10. 9. 63. Kl.: 57–53. 26 Anspr. A.-Z.: 39864. Prior.: 5. 1. 57 (Span.).

SP 155594 (Urheberschein). Mechanismus zum Fadenablauf in der Zentrifugenspinnmaschine. Erf.: *V. S. Kuskin*. *V. A. Archangel'skij* u. *I. D. Charitonor*. A. 1. 9. 62, B. 29. 7. 63. Kl.: 29 a, 6/14. A.-Z.: 793134/28–12.

SP 154979 (Urheberschein). Mechanismus zur Fadenablage. Erf.: *O. V. Ponomarer* u. *P. M. Čubakor*. A. 20. 8. 62, B. 20. 7. 63. Kl.: 29 a, 6/15.

SP 155262 (Urheberschein). Fadenführer zur Spinnmaschine für Kupferfaser. Erf.: *I. V. Tur*. A. 30. 3. 62, B. 17. 7. 63. Kl.: 29 a, 6/06. A.-Z.: 780719/18–12.

FP 80745 Zus. z. Pat. 1159441. Vorrichtung zur Erteilung von Falschdraht. Verfahren zur Kräuselung von Fäden oder Gespinsten mit dieser Vorrichtung, nach diesem Verfahren hergestellte gekräuselte Fäden oder Gespinste. Inh.: N. V. Onderzoekingsinstituut Research. A. 1. 12. 61. E. 29. 4. 63. Int. Kl.: D 02 d. A.-Z.: 880659. Prior.: 6. 12. 60 (Ndld.: A.-Z.: 258767).

FP 1340949 (Aj.). Verbesserungen an Bauschgarnen aus synthetischen Endlosfäden und Verfahren zu ihrer Herstellung. Inh.: Monsanto Chemical Co. A. 13. 9. 62, E. 16. 9. 63. Int. Kl.: D 01 d. A.-Z.: 909362.

FP 1338562. Verfahren und Vorrichtung zur Herstellung von fadenband- oder folienförmigen Gegenständen durch Schmelzspinnen sowie derartige Gegenstände. Inh.: N. V. Onderzoekingsinstituut Research. A. 23. 8. 62, E. 19. 8. 83. Int. Kl.: D 01 d; B 29 d. A.-Z.: 907589, Prior.: 7. 3. 62 (Ndld.; A.-Z.: 275670).

Klasse 29 b

FP 1338380 (Aj.). Verfahren zur Rückgewinnung von Säuren, insbesondere von Schwefelsäure aus „Viskose"-Koagulationsbädern. Inh.: S. Nakai. A. 29. 6. 62, E. 19. 8. 63. Int. Kl.: D 01 f. A.-Z.: 902563.

USP 3100328. Gebauschte, nichtgewebte Stoffe. Erf.: *W. T. Allmann*, *Ch. W. Joseph* u. *R. G. Higgins*. Inh.: Celanese Corp. of America, New York, N. Y. A. 4. 12. 58, E. 13. 8. 62. Kl.: 28–76, 10 Anspr.. A.-Z.: 778248.

SchweizP 372422. Verfahren zum Färben verspinnbarer organischer Massen mit wasserunlöslichen organischen Farbstoffen. Erf.: Dr. *H. Altermatt*. Inh: Ciba AG, Basel. A. 11. 6. 58, E. 15. 10. 63. Kl.: 29 b, 3/60. A.-Z.: 60450/58.

USP 3100675. Schmelzspinnverfahren für Polyäthylenterephthalat. Erf.: *E. Westerhuis* u. *K. H. Kok*. Inh.: N. V. Onderzoekingsintituut Research, Arnhem (Ndld.), A. 21. 6. 60, E. 13. 8. 63. Kl.: 18–54. 3 Anspr. A.-Z.: 37714. Prior.: 28. 7. 59 (Ndld.).

FP 1327294 (Aj.). Verfahren zur Verbesserung der Anfärbbarkeit von Polypropylenfasern und hergestellte Produkte. Erf.: *Y. Landler* u. *P. Lebel*. Inh.: Pneumatiques & Caoutchouc Manufacture Kleber-Colombes, A. 7. 4. 62, E. 8. 4. 63. Int. Kl.: D 01 f. A.-Z.: 893746.

FP 1328402 (Aj.). Verfahren zur Verbesserung der Farbstoffaffinität von Polyolefinmaterialien. Inh.: Asahi Kasei Kogyo Kabushiki Kaisha. A. 16. 4. 62, E. 22. 4. 63. Int. Kl.: D 01 f; D 06 p. A.-Z.: 894636.

FP 1329480. Textilfasern auf Basis von Vinylpolymeren mit besonderer Farbstoffaufnahmefähigkeit und Verfahren zur Herstellung dieser Fasern. Erf.: *C. Caldo* u. *S. Algieri*. Inh.: Montecatini Soc. Gen. per l'Industria Mineraria e Chimica. A. 25. 7. 62, E. 29. 4. 63. Int. Kl.: D 01 f. A.-Z.: 905036. Prior.: 28. 7. 61 (Ital.; A.-Z.: 13980/61).

FP 1337524. Verfahren zur Herstellung von Fasern aus hochkristallinen Polyolefinen, nach diesem Verfahren erhaltene hochfeste Monifile und Multifile. Erf.: *I. Gigli* u. *E. del Mauro*. Inh.: Montecatini Soc. Gen. per l'Industria Mineraria e Chimica. A. 24. 8. 62, E. 5. 8. 63. Int. Kl.: D 01 d; D 01 f. A.-Z.: 907744. Prior.: 29. 8. 61 (Ital.; A.-Z.: 15723/61).

FP 1341351. Verfahren zur Herstellung von Textilfasern und Filmen auf Basis kristalliner Polyolefine, besonders mit guter Farbstoffaufnahmefähigkeit. Erf.: *M. Compostella*. *E. Del Mauro* u. *G. Latella*. Inh.: Montecatini Soc. Gen. per l'Industria Mineraria e Chimica. A. 19. 12. 62, E. 16. 9. 63. Int. Kl.: D 01 f; D 06 p. A.-Z.: 919139. Prior.: 21. 12. 62 (Ital.; A.-Z.: 22809/61).

FP 1341352. Verfahren zur Herstellung von Textilfasern und Filmen auf Basis kristalliner Polyolefine, besonders mit guter Farbstoffaufnahmefähigkeit. Erf.: *M. Compostella*, *D. Del Mauro* u. *G. Latella*. Inh.: Montecatini Soc. Gen. per l'Industria Mineraria e Chimica. A. 19. 12. 62, E. 16. 9. 63. Int. Kl.: D 01 f; D 06 p. A.-Z.: 919140. Prior.: 21. 12. 61 (Ital.; A.-Z.: 22810/61).

FP 1341353. Verfahren zur Herstellung von Textilfasern und Filmen auf Basis kristalliner Polyolefine. besonders mit guter Farbstoffaufnahmefähigkeit. Erf.: *A. Bonvicini*. Inh.: Montecatini Soc. Gen. per l'Industria Mineraria e Chimica. A. 19. 12. 62, E. 16. 9. 63. Int. Kl.: D 01 f; D 06 p, A.-Z.: 919141. Prior.: 21. 12. 61 (Ital.; A.-Z.: 22811/61).

USP 3101245. Herstellung von Polyacrylnitrilfasern. Erf.: *Y. Fujita*, *T. Okazaki* u. *K. Kuratani*. Inh.: American Cyanamid Co., New York N. Y. A. 18. 8. 60, E. 20. 8. 63. Kl.: 18–54. 1 Anspr. A.-Z.: 50440.

FP 1339445. Vorrichtung und Verfahren zur kontinuierlichen Behandlung eines aus endlosen Elementarfäden bestehenden künstlichen oder synthetischen Fadens mit einem Gasstrahl zwecks Verschlingung der Elementarfäden. Inh.: N. V. Onderzoekingsinstituut Research. A. 26. 11. 62, E. 26. 8. 63. Int. Kl.: D 06 m; D 06 d; D 06 c, A.-Z.: 916561. Prior.: 28. 11. 61 (Ndld.; A.-Z.: 271935).

ČP 108736. Verfahren zum Verstrecken von Fasern aus synthetischen Polymeren, besonders aus Polyamiden. Erf.: Ing. *M. Javorek*, Ing. *M. Jambrich*, Ing. *P. Hrivnák*, Ing. *V. Šimiček* u. *St. Selinger*. 12. 10. 60/15. 5. 63/15. 10. 63. Kl.: 29 b, 3/70. A.-Z.: 6118/60.

ČP 108737. Verfahren zum Verstrecken von Fasern aus synthetischen Polymeren, besonders aus Polycapromiden. Erf.: Ing. *St. Šelinger*, Ing. *P. Hrivnák*, Ing. *M. Jambrich*, Ing. *M. Javorek* u. Ing, *V. Šimiček*. 12. 10. 60/15. 5. 63/15. 10. 63. Kl.: 29 b, 3/70. A.-Z.: 6119/60.

USP 3101236. Zus. z. Pat. 2982597. Textilbehandlung. Erf.: *V. S. Salvin*, *B. S. Sprague* u. *F. Fortess*. Inh.: Celanese Corp. of America, New York, N. Y. A. 18. 7. 60, E. 20. 8. 63. Kl.: 8–59. 14 Anspr. A.-Z.: 43285.

USP 3103098. Garn von veränderlichem Glanz und Verfahren zur Herstellung. Erf.: *R. F. Dyer*. Inh.: Eastman Kodak Co., Rochester, N. Y. A. 18. 10. 61, E. 10. 9. 63. Kl.: 57–140. 6 Anspr. A.-Z.: 145887.

USP 3103448. Verfahren zur Behandlung kontinuierlicher synthetischer Fäden und dabei erhaltenes Produkt. Erf.: *S. E. Ross*. Inh.: Allied Chemical Corp., New York, N. Y. A. 12. 9. 60, E. 10. 9. 63. Kl.: 117–139,5, 9 Anspr. A.-Z.: 55163.

Klasse 39c

DAS 1155907. Verfahren zur Herstellung von gegebenenfalls harzartigen Polyamiden. Erf.: Dr. *E. Müller*, Dr. Dr. h. c. Dr. e. h. Dr. h. c. Dr. h. c. Dr. h. c. *O. Bayer*, u. Dr. *S. Petersen*, Anm.: Farbenfabriken Bayer AG, Leverkusen. A. 9. 7. 60, B. 17. 10. 63. Kl.: 39 c, 6. A.-Z.: F 31626.

DAS 1155908. Verfahren zur einstufigen Herstellung von Schaumstoffen auf Polyisocyanatbasis. Erf.: Dr. *R. Merten*, u. Dr. *G. Braun*. Anm.: Farbenfabriken Bayer AG, Leverkusen. A. 11. 11. 61, B. 17. 10. 63. Kl.: 39 c, 6. A.-Z.: F. 35340.

BP 913364. Lineare Polyharnstoffe. Inh.: Toyo Koatsu Industries Inc. A. 6. 5. 60. Kl.: 2 (5). A.-Z.: 16116/60.

SchweizP 372467. Verfahren zur Herstellung von synthetischen, faserbildenden Polyamiden. Erf.: *I. Ikoma*, *T. Muroi* u. *A. Okada*. Inh.: The Agency of Industrial Science and Technology, Ministry of International Trade and Industry of the Government of Japan, 5, Higashi-7-chome, Ginza, Chuoku, Tokyo (Jap.). A. 12. 6. 57, E. 15. 10. 63. Kl.: 39 c, 10. A.-Z.: 47177/57, Prior.: 20. 6.; 25. 7., 2. 11. 56 (Jap.; A.-Z.: 15981/56. 19349/56; 27939/56).

DAP 25259. Verfahren zur Herstellung von Kunstharzen. Erf.: Dr. *A. Englisch* u. Dr. *R. Zimmermann*. Inh.: Chemische Werke Albert. Wiesbaden-Biebrich. A. 18. 1. 60, Ausg. 27. 4. 63. Kl.: 39 c, 16. A.-Z.: P 39 c/65468.

DAP 25587. Verfahren zur Herstellung von Polymerisationsprodukten auf der Basis von Polyestern. Erf.: *G. Collardeau*, *A. Fournet*, *F. Pierrot* u. *P. Lafont*. Inh.: Rhone-Poulenc S. A., Paris. A. 19. 4. 60. Ausg. 29. 6. 63. Kl.: 39 c, 16. A. -Z.: P 39 c/67217.

DAS 1155594. Verfahren zur Herstellung von feinteiligen Abbauprodukten durch Behandlung von Faserabfällen aus Poly-(äthylenglykolterephthalat mit überhitztem Wasserdampf. Erf.: Dr. *E. Siggel* u. Dr. *L. Riehl*. Anm.: Vereinigte Glanzstoff-Fabriken AG, Wuppertal-Elberfeld. A. 18. 4. 59, B. 10. 10. 63. Kl.: 39 c, 16. A.-Z.: V 16402.

FP 1339488. Herstellung von Copolycarbonaten. Erf.: *A. J. Conix* u. *L. M. Dohmen*. Inh.: Geveart Photo Producten N. V. A. 27. 11. 62, E. 26. 8. 63. Int. Kl.: C 08 g. A.-Z.: 916792, Prior.: 30. 11. 61 (Belg.; A.-Z.: 41165).

BP 922936. Polyäthylenterephthalat. Inh.: Vereinigte Glanzstoff-Fabriken AG. A. 24. 11. 60. Kl.: 2 (5). A. -Z.: 40494/60.

BP 922937. Polyäthylenterephthalat. Inh.: Vereinigte Glanzstoff-Fabriken AG. A. 24. 11. 60. Kl.: 2 (5). A.-Z.: 40487/60.

BP 924524. Polyäthylenterephthalat. Inh.: Vereinigte Glanzstoff-Fabriken AG. A. 24. 11. 60. Kl.: 2 (5). A. -Z.: 40495/60.

BP 925217. Polyäthylenterephthalat. Inh. Vereinigte Glanzstoff-Fabriken AG. A. 24. 11. 60. Kl.: 2 (5). A.-Z.: 40496/60.

PolnP 47777. Verfahren zur Herstellung von Copolymeren. Inh.: Imperial Chemical Industries Ltd., London (Großbrit). A. 27. 6. 61, E. 15. 10. 63. Kl.: 39 c. 16. Prior.: 1. 7. 60 (Großbrit.).

DAS 1155595. Verfahren zur Herstellung von Eupolyoxymethylenen. Erf.: Dr. *J. Behrends* u. Dr. *O. Schweitzer*. Anm.: Deutsche Gold- und Silberscheideanstalt vorm. Roessler, Frankfurt/M. A. 17. 8. 59, B. 10. 10. 63. Kl.: 39 c, 18. A.-Z.: D 31299.

BP 926904. Oxymethylenpolymere. Inh.: Celanese Corp., A. 1. 4. 60. Kl.: 2 (6). A.-Z.: 29541/62.

DAP 25593. Verfahren zur Polymerisation ungesättigter Kohlenwasserstoffverbindungen. Erf.: *G. X. R. Boussu*, *L. H. N. Saint-Frison*, *L. P. F. A. Neuville*, u. *P. M. R. L. Peignier*. Inh.: Compagnie Générale des Établissements Michelin Raison Sociale: Robert Piuseux & Cie., Clermont-Ferrand. A. 25. 9. 59. Ausg. 8. 7. 63. Kl.: 39 c, 25/01. A.-Z.: P 39 c/63528.

DAS 1155598. Verfahren zur Herstellung von wäßrigen Lösungen von Polyacrylamid. Erf.: Dr. *P. Seibel*, Anm.: Farbwerke Hoechst AG vorm. Meister Lucius & Brüning, Frankfurt/M. A. 20. 5. 60, B. 10. 10. 63. Kl.: 39 c, 25/01. A.-Z.: F 31273.

DAS 1156237. Verfahren zur Polymerisation von äthylenisch ungesättigten Verbindungen. Erf.: Dr. *H. Bestian*, Dr. *D. Günther* u. Dr. *H. Korbanka*. Anm.: Farbwerke Hoechst AG vorm. Meister Lucius & Brüning, Frankfurt/M. A. 9. 5. 62, B. 24. 10. 63. Kl.: 39 c, 25/01. A.-Z.: F. 36741.

FP 1337680. Verfahren zur Polymerisation von Äthylen neben einem oder mehreren anderen ungesättigten Kohlenwasserstoffen. Inh.: Shell Internationale Research Maatschappij N. V. A. 29. 10. 62, E. 5. 8. 63. Int. Kl.: C 08 f. A.-Z.: 913732. Prior.: 31. 10. 61 (Ndld.; A.-Z.: 270827).

FP 1338662. Neue flourierte Polymere und Verfahren zu ihrer Herstellung. Erf.: *D. Sianesi*, *G. C. Bernardi* u. *G. Diotallevi*. Inh.: Montecatini Soc. Gen. per l'Industria Mineraria e Chimica. A. 26. 10. 62, E. 19. 8. 63. Int. Kl.: C 08 f. A.-Z.: 913520. Prior.: 30. 10. 61 (Ital.; A.-Z.: 19397/61).

FP 1339283. Verfahren zur Herstellung eines kristallinen Polystyrols mittels eines Bortrifluorid/Äther-Katalysators. Inh.: W. R. Grace & Co. A. 16. 11. 62, E. 26. 8. 63. Int. Kl.: C 08 f. A.-Z.: 915602.

FP 1339970. (Aj.). Verfahren zur Polymerisation von α-Olefinen. Inh.: Asahi Kasei Kogyo Kabushiki Kaisha. A. 22. 8. 62, E. 26. 8. 63. Int. Kl.: C 08 f. A.-Z.: 907550.

SP 154665 (Urheberschein). Verfahren zur Herstellung eines thermobeständigen Copolymeren des Polystyrols. Erf.: *E. E. Baroni*, *K. A. Koryrzina* u. *V. M. Šonija*. A. 23. 10. 61, B. 17. 7. 63. Kl.: 39 c, 25/01. A.-Z.: 749008/23–4.

USP 3100757. Zus. z. Pat. m. A.-Z.: 309378. Polymerisation ungesättigter Monomerer in Gegenwart aromatisch-olefinischer Copolymerisate und das entstehende Produkt. Erf. u. Inh.: *Williams H. Smyers*, 229 Sylvania Place, Westfield, N. J., u. *David W. Young*, 18508 Clyde Ave., Homewood III. A. 3. 6. 59, E. 13. 8. 63. Kl.: 260–45,5, 13 Anspr. A.-Z.: 817729.

USP 3101327. Polymerisation von 1-Olefinen in Gegenwart eines Alkylhalogenids. Erf.: *H. D. Lyons*. Inh.: Phillips Petroleum Co. A. 8. 10. 58, E. 20. 8. 63. Kl.: 260–88, 2. 8 Anspr. A.-Z.: 765934.

USP 3103503. Kristallines Polymethylmethacrylat. Erf.: *Th. G. Fox jr.*, *W. E. Coode* u. *J. E. Stroupe*. Inh.: Rohm & Haas Co., Philadeplhia, Pa. A. 11. 4. 57, E. 10. 9. 63. Kl.: 260–89,5, 13 Anspr. A.-Z.: 652267.

Klasse 42 k, 50

ČP 108587. Schaltanordnung zum berührungsfreien Aufsuchen und Entfernen von Harzverunreinigungen und geschwächten Stellen, wobei das Garn zwischen den Elektroden eines Meßkondensators hindurchgeführt wird. Erf.: Ing. Dr. *L. Buček*. 16. 10. 61/15. 4. 63/15. 10. 63. Kl.: 47 k, 50 (76 c, 30/10). A.-Z.: 6110/61.

SP 154701 (Urheberschein). Gerät zur Bestimmung des Reibungskoeffizienten, z. B. von Fäden. Erf.: *M. P. Nosov*, *A. S. Gojchman* u. *A. I. Gochfel'd*. A. 24. 4. 62. B. 17. 7. 63. Kl.: 42 k, 50. A.-Z.: 775353/28 12.

SP 155019 (Urheberschein). Meßwandler zur Bestimmung der Fadenspannung. Erf.: *E. E. Vaks*. A. 15. 5. 62, B. 20. 7. 63. Kl.: 42 k, 45/03. A.-Z.: 778709/28–12.

SP 155020 (Urheberschein). Radiometrisches Flormeßgerät. Erf.: *L. P. Veržbolauskas*. A. 28. 5. 62, B. 20. 7. 63. Kl.: 42 k, 50. A.-Z.: 780623/28–4.

SP 155021 (Urheberschein). Verfahren zur Bestimmung der Dichte des Flors in der Höhe. Erf.: *L. P. Veržbolauskas*. A. 31. 5. 62, B. 20. 7. 63. Kl.: 42 k, 50. A -Z.: 780707/28–12.

SP 155022 (Urheberschein). Gerät zur Messung der Fadenlänge in der Aufmachung. Erf.: *A. A. Levin* u. *B. I. Jajčun*. A. 30. 6. 62, B. 20. 7. 63. Kl.: 42 k, 50. A.-Z.: 784707/28–12.

SP 155023 (Urheberschein). Gerät zur Bestimmung der Schrumpfung von gezwirnten Fäden. Erf.: *V. M. Tel'nova* u. *N. T. Romanov*. A. 14. 7. 62, B. 20. 7. 63. Kl.: 42 k. 50. A.-Z.: 786972/28–12.

SP 155319 (Urheberschein). Gerät zur Bestimmung der Wasserundurchlässigkeit von Geweben. Erf.: *A. N. Demina*, *N. T. Romanov* u. *K. V. Jaroslavcev*. A. 14. 7. 62, B. 17. 7. 63. Kl.: 42 k, 50. A.-Z.: 786973/28–12.

SP 156340 (Urheberschein). Gerät zur Bestimmung der Florrichtung an Geweben. Erf.: *G. P. Bazjuk*. A. 9. 11. 62, B. 21. 8. 63. Kl.: 42 k, 50. A.-Z.: 801979/28–12.

SP 155320 (Urheberschein). Gerät zur Messung der Spannung des laufenden Fadens. Erf.: *P. D. Birin* u. *P. A. Ivanov*. A. 6. 9. 62, B. 17. 7. 63. Kl.: 42 k, 50. A.-Z.: 793949/28–12.

Literaturschau

Auszug aus Lieferung 23 und 24/1963 des Dokumentationsdienstes „Faserstoffe und Textiltechnik", zusammengestellt von der Abteilung Wissenschaftliches Berichtswesen des Instituts für Faserstoff-Forschung, Teltow-Seehof, Kantstr. 55

I. Wissenschaftliche Grundlagen

Physik und Chemie der Hochpolymeren

Sarda, G., u. *Peacock, N.*, Einwirkung von polaren Reagentien auf Polyamid-66. Nature, London **200** (1963) 4981, S. 67–69.

Conley, R. G., u. *Bieron, J. F.*, Untersuchung des oxydativen Abbaus von Polyacrylnitril unter Verwendung der IR-Spektroskopie. J. appl. Polymer Sci. **7** (1963) 5, S. 1757–1773.

Tadokoro, H., *Murahashi, S*, *Yamadera, R.*, u. *Kamei, T.-I.*, Infrarot-Absorptionsspektren von Polyacrylnitril und deuterierten Polyacrylnitrilen. J. Polymer. Sci., Part A **1** (1963) 10, S. 3029–3042.

Doskočilová, D., *Schneider, B.*, u. *Čefelin, P.*, Über die Struktur und Eigenschaften von Polyamiden. V. IR-Spektren und Kristallinität der Copolymeren und Caprolactam mit γ-Methylcaprolactam. Coll. czechoslov. chem. Commun. **28** (1963) 10, S. 2556–2562.

Schmidt, P., u. *Schneider, B.*, Über die Struktur und Eigenschaften von Polyamiden. VI. IR-Spektren von deuteriertem Polycaprolactam. Coll. czechoslov. chem. Commun. **28** (1963) 10, S. 2685–2695.

Klimenko, I. B., u. *Smirnov, L. V.*, Spektren von Nitron und Acrylnitril-Vinylacetat-Copolymer im polarisierten UR-Licht. Vysokomol. Soed. (Hochmol. Verbind.) **5** (1963) 10, S. 1520–1526.

Sperling, L. H., Auswertung der Lichtstreuungs- und Kleinwinkelröntgenstreuungsverfahren unter Verwendung verdünnter Dispersionen einheitlicher Polystyrollatices. J. appl. Polymer Sci. **7** (1963) 5, S. 1891–1903.

Schwertassek, K., Strukturstudien an Polyamid-6-Bauschgarnen, die ohne Drehung hergestellt werden. Textil-Praxis **18** (1963) 10, S. 966–970.

Hennige, E., Die strukturelle Veränderung der Baumwolle bei der Behandlung mit Diaminen und Natronlauge. Melliand Textilber. **44** (1963) 11, S. 1228–1232.

Berestnev, V. A., *Dubova, L. S.*, u. *Alekseeva, E. S.*, Untersuchung der Struktur von Polyamidfasern nach der Ätzmethode. Chim. Volokna (Chem. Fasern) (1963) 5, S. 29–31.

Afanas'eva, G. N., *Vol'f, L. A.*, *Meos, A. I.*, *Slucker, A. I.*, u. *Frenkel, S. Ja.*, Studium der Orientierung von hochgeordneten Bereichen in verfestigten Polyvinylalkoholfasern. Ž. prikl. Chimii (Z. angew. Chemie) **36** (1963) 7, S. 1587–1591.

Cejtlina, L. A., *Meos, A. I.*, u. *Vol'f, L. A.*, Die Zusammensetzung und Struktur von Phosphorsäureestern der Polyvinylalkoholfaser. Chim. Volokna (Chem. Fasern) **5** (1963) 5, S. 23–25.

Serkov, A. G., *Konkin, A. A.*, *Kotomina, I. N.*, u. *Budnicki, G. A.*, Bildung der übermolekularen Struktur von Viskosefasern beim Erspinnen. Chim. Volokna (Chem. Fasern) **5** (1963) 5, S. 40–45.

Mjagkov, V. A., *Nikonova, E. A.*, u. *Pakšer, E. A.*, Strukturеigenschaften der Viskose und deren Einfluß auf die Qualität der Cordfaser. Chim. Volokna (Chem. Fasern) **5** (1963) 5, S. 35–39.

Pavlov, N. N., *Arbuzov, G. A.*, *Pavlov, S. A.*, u. *Jao De-in*, Über die Einwirkung von Chrom- und Aluminiumsalzen auf Mischpolyamide. Vysokomol. Soed. (Hochmol. Verbind.) **5** (1963) 10, S. 1558–1561.

Polymerisation

Miyama, H., u. *Kamachi, M.*, Polymerisation von Trioxan im festen Zustand durch gleichzeitige Sublimation des Monomeren und des Jods. J. Polymer Sci., Part B **1** (1963) 9, S. 465–470.

Koršak, V. V., *Sladkov, A. M.*, *Kudrjavcev, Ju. P.*, u. *Machsumov, A. G.*, Synthese von Polyestern mit Acetylenbindungen in der Kette. Izv. Akad. Nauk SSSR, Serija chim. (Nachr. Akad. Wiss. UdSSR, Chemie) (1963) 10, S. 1852–1854.

Muromova, R. S., u. *Afanas'eva, I. N.*, Polyamide auf der Basis von Aminosäuren der Cyclohexanreihe. I. Polyamide auf der Basis von cis- und trans-Isomeren der 4-Aminocyclohexylessigsäure. Vysokomol. Soed. (Hochmol. Verbind.) **5** (1963) 10, S. 1461–1467.

Rothe, M., *Boenisch, H.*, u. *Kern, W.*, Die kationische ε-Caprolactam Polymerisation. III. Bromwasserstoff als Initiator. Makromol. Chemie **67** (1963) S. 90–97.

Muromova, R. S., *Pletneva, I. D.*, u. *Pervuchina, I. V.*, Polyamide auf der Basis von Aminosäuren der Cyclohexanreihe. II. Synthese von cis- und trans-β-(4-Aminocyclohexyl)propionsäuren und von Polyamiden auf der Basis dieser Säuren. Vysokomol. Soed. (Hochmol. Verbind.) **5** (1963) 10, S. 1473–1478.

Šebenda, J., u. *Stehlíček, J.*, Alkalische Polymerisation des 6-Caprolactams. X. Strukturuntersuchung der Imidgruppen im Polymeren mittels alkalischer Hydrolyse und Aminolyse. Coll. czechoslov. chem. Commun. **28** (1963) 10, S. 2731–2743.

Ermakov, Ju. I., *Bereskov, G. K.*, *Dzis'ko, V. A.*, *Ivanova, L. I.*, u. *Trifonov, A. S.*, Polymerisation von Äthylen in Gegenwart von Chromoxid-Katalysator ohne Verwendung eines Lösungsmittels. Chim. Prom. (Chem. Ind.) (1963) 7, S. 16(496)–18(498).

Topčiev, A. V., *Smetanjuk, V. I.*, *Perel'man, A. I.*, u. *U Guej-fan*, Polymerisation von Olefinen an Chromoxid-Katalysatoren. Polymerisation von Propylen. Plastičeskie Massy (Plast. Massen), Moskva (1963) 9, S. 4 bis 9.

Evstratova, S. D., *Margaritova, M. F.*, u. *Medvedev, S. S.*, Emulsionspolymerisation von Vinylverbindungen in Gegenwart von organischen Säuren und Aminen. Vysokomol. Soed. (Hochmol. Verbind.) **5** (1963) 10, S. 1574–1579.

U Žun-Žuj, *Stasjuk, Ch. A.*, *Kočerginskaja, L. A.*, *Rozenbljum, N. D.*, *Konkin, A. A.*, u. *Rogovin, Z. A.*, Strahlungsinduzierte Pfropfung von Vinylmonomeren auf Polyolefinfasern. Chim. Volokna (Chem. Fasern) **5** (1963) 5, S. 12–15.

Gabrieljan, G. A., u. *Rogovin, Z. A.*, Synthese von Acrylnitril-Diketon-Copolymeren. Chim. Volokna (Chem. Fasern) **5** (1963) 5, S. 2–5.

Koršak, V. V., *Mozgova, K. K.*, u. *Babčinicer, T. M.*, Herstellung von Pfropfcopolymeren. XIV. Copolymere aus Polytrifluorchloräthylen und Vinylmonomeren. Vysokomol. Soed. (Hochmol. Verbind.) **5** (1963) 10, S. 1451–1456.

Baldwin, M. G., Kettenabbruch durch Primärradikale bei der Polymerisation von Methylmethacrylat. J. Polymer Sci. Part A **1** (1963) 10, S. 3209 bis 3216.

Nagai, H., IR-Spektren von stereoregulärem Polymethylmethacrylat. J. appl. Polymer Sci. **7** (1963) 5, S. 1697–1714.

Walters, M. H., Faserstruktur in gestreckten kristallinen Elastomeren. J. Polymer Sci., Part A **1** (1963) 10, S. 3091–3103.

Allen, P. E. M., u. *Hardy, R.*, Initiierung der Polymerisation von Polymethylmethacrylat durch Bestrahlung. II. Gasförmiges, flüssiges und emulgiertes Monomeres mit vorbestrahltem Polymeren. Makromol. Chemie **67** (1963) S. 149–156.

Allen, P. E. M., *Hardy, R.*, u. *Majer, J. R.*, Initiierung der Polymerisation von Polymethylmethacrylat durch Bestrahlung. III. Die Kinetik der Emulsionspolymerisation, die durch vorbestrahlten Film initiiert wurde. Makromol. Chemie **67** (1963) S. 157–166.

Goto, K., u. *Fujiwara, H.*, Mechanisch-chemische Polymerisation von Vinylacetat. J. Polymer Sci. Part. B **1** (1963) 9, S. 505–508.

Kulkarni, A. Y., u. *Mehta, P. C.*, Untersuchungen über Cellulose-Polyacrylnitril-Pfropfungen. J. Polymer Sci., Part B **1** (1963) 9, S. 509–512.

Kulkarni, A. Y., *Chitale, A. G.*, *Vaidya, B. K.*, u. *Mehta, P. C.*, Pfropfen von Polyacrylnitril in Baumwollgeweben. J. appl. Polymer Sci. **7** (1963) 5, S. 1581–1596.

Davankov, A. B., u. *Fjušti, M. Š.*, Untersuchung von Copolymerisationsreaktionen und Eigenschaften von ternären Copolymeren aus Vinyltoluol, α-Methylstyrol und Divinylbenzol. Ž. prikl. Chimii (Z. angew. Chemie) **36** (1963) 9, S. 2044–2047.

Šostakovskij, M. F., *Chomutov, A. M.*, u. *Alimov, A. P.*, Polymerisation von Vinylalkyläthern in Gegenwart von Mg-organischen Verbindungen. Izv. Akad. Nauk SSSR, Serija chim. (Nachr. Akad. Wiss. UdSSR, Chemie) (1963) 10, S. 1843–1846.

II. Faserstoffe. Ausgangsstoffe usw.

Čirlič, J. B., u. *Malkoci, O.*, Studie über den Einfluß der Polyesterfaser in Drei- und Zwei-Komponenten-Mischgeweben mit Wolle und Viskose-Zellwolle. Faserforsch. u. Textiltechnik **14** (1963) 12, S. 537–546.

Naturfaserstoffe

Pflanzenfaserstoffe

Beck, A., Beitrag zur Verhinderung von Nissenbildungen im Baumwollgarn. Melliand Textilber. **44** (1963) 11, S. 1202.

Tierische Faserstoffe

Marcet, J., u. *Onions, W. J.*, Vorkommen, Größe und Gestalt von Metacortex-Fasern in Wolle. Nature, London **199** (1963) 4900, S. 1306–1307.

Chemiefaserstoffe

Slyvakov, V. E., Über konstante und veränderliche Stapellänge von Chemiefasern im Kabel. Tekstil. Prom., Moskva (Textil-Ind.) **23** (1963) 10, S. 55 bis 57.

Regeneratfaserstoffe

Bykov, A. N., Bestimmung der Reaktionsfähigkeit der Cellulose bei der Herstellung der Kupferfaser. Chim. Volokna (Chem. Fasern) **5** (1963) 5, S. 32–35.

Die Faser Z 54 „Polynosic". II. Melliand Textilber. **44** (1963) 10, S. 1097.

Faserrohstoff „Arnel" für Webereien. Spinner, Weber, Textilveredlung **81** (1963) 10, S. 1098.

Jost, H., *Gröbe, A.*, u. *Klare, H.*, Reaktionskinetische Untersuchungen bei der Entstehung von Celluloseregeneratfäden. 20. Mitt. Über den Fadenbildungsmechanismus von Viskosekapillarfäden. 1. Teil). Faserforsch. u. Textiltechnik **14** (1963) 12, S. 522–527.

Demus, H., Zur Entzündlichkeit von Cellulose. Faserforsch. u. Textiltechnik **14** (1963) 12, S. 549–550.

Synthetische Faserstoffe

Michajlov, N. V., *Gorbačeva, V. O.*, u. *Ievleva, A. K.*, Bestimmung des spezifischen Volumens von synthetischen Fasern bei erhöhten Temperaturen. Chim. Volokna (Chem. Fasern) (1963) 5, S. 26–28.

Bobe, J., Splittfasern, eine neue Methode zur Herstellung von Textilverbundstoffen. Textil-Praxis **18** (1963) 10, S. 940–942.

Kirk jr., W. M., Die Spandex-Faser Lycra – Struktur und Eigenschaften. Amer. Dyestuff Rep. **52** (1963) 19, S. 59 (P 725)–61 (P 727).

Lyssy, Th., Elastomere Spinnstoffe. Chemiefasern **13** (1963) 10, S. 768–776.

Neue Erkenntnisse bei der Verarbeitung von Polyesterfasern. Chemiefasern **13** (1963) 10, S. 784–788.

Roth, W., u. *Schroth, R.*, Über das Spinnen und Strecken von Polykondensatfäden. IV. Die kontinuierliche Verstreckung von Polyester- und Polyamidfäden). Faserforsch. u. Textiltechnik **14** (1963) 12, S. 507–516.

Michajlov, M., u. *Novakov, P.*, Versuche zur Verbesserung der thermischen Stabilität von Polyäthylenterephthalat in der Schmelze durch Zusätze. Chim. i Ind., Sofija **35** (1963) 4, S. 137–142.

Stoeckhert, K., Fasern und Monofile aus Polyolefinen. Melliand Textilber. **44** (1963) 10, S. 1069–1070.

Geller, B. E., *Kamalov, S.*, u. *Daulova, F. M.*, Untersuchung der Koagulationsvorgänge beim Erspinnen von Fasern mit Kohlenstoffkette, 2. Mitt. Chim. Volokna (Chem. Fasern) **5** (1963) 5, S. 5–9.

Afanas'eva, G. N., *Vol'f, L. A.*, *Meos, A. I.*, *Gorbačeva, V. O.*, *Michajlov, N. V.*, u. *Mil'kova, L. P.*, Thermische Plastifikationsverstreckung von Polyvinylalkoholfasern. Chim. Volokna (Chem. Fasern) **5** (1963) 5, S. 16–19.

Utevskij, L. E., u. *Perepelkin, K. E.*, Einfluß der thermischen Nachbehandlung auf die Eigenschaften der Polyvinylalkoholfaser. Chim. Volokna (Chem. Fasern) **5** (1963) 5, S. 19–22.

Perepelkin, K. E., u. *Perepelkina, M. D.*, Synthetische Fasern aus Polyvinylalkohol. Tekstil. Prom., Moskva (Textil-Ind.) **23** (1963) 8, S. 27–31.

Künstliche mineralische Faserstoffe

Abramova, N. A., Nähgarne aus Glasfasern. Izv. vysšich uč. Zav. Technol. tekstil. Prom. (Hochschulnachr. Technol. Textil-Ind.) (1961) 1, S. 20–26.

III. Spinnerei (Verspinnen)

Gruoner, S., Aktuelle Verarbeitungsprobleme in der Kammgarnspinnerei. Möglichkeiten der Steuerung und Regelung. Melliand Textilber. **44** (1963) 10, S. 1093–1096.

Spinnereivorbereitung

Emmanuel', M. V., Über das Mischen und Ausgleichen von Fasern auf den Walzenkrempeln. Tekstil. Prom., Moskva (Textil-Ind.) **23** (1963) 8, S. 32–36.

Echiskelašvili, G. I., Analyse der Arbeitsweise der Organe zur Bandbildung auf der Wollkämmaschine. Tekstil. Prom., Moskva (Textil-Ind.) **23** (1963) 8, S. 40–43.

Neues Färbesystem für Kammzugwickel. Textile Rec. **81** (1963) 968, S. 145.

Altenburger, W., Kurzspinnprozeß mit „Graf Optima"-Luntenregulierapparaten, Textil-Praxis **18** (1963) 10, S. 927–932.

Baljasov, P. D., Die Anwendung von elektrostatischen Aufladungen und elektromagnetischen Feldern beim Strecken von Fasermaterialien. Tekstil. Prom., Moskva (Textil-Ind.) **22** (1962) 9, S. 47–51.

Panov, D. N., Über einige Fragen zur Theorie des Schwingprozesses bei Bastfasern. Izv. vysšich uč. Zav., Technol. tekstil. Prom. (Hochschulnachr., Technol. Textil-Ind.) (1963) 4, S. 42–50.

Siekowski, R., Vorrichtung für den Prozeß des Schmälzens von Textilrohstoffen. Technik włókienn. (Textiltechnik) **12** (1963) 7, S. 159–163.

Aldrich, A. P., Dringende Notwendigkeit: bessere Mischungen. Textile Ind. **127** (1963) 10, S. 60–63, 84.

Emmanuel', M. V., Über das Mischen und Ausgleichen auf den Walzenkrempeln. Tekstil. Prom., Moskva (Textil-Ind.) **23** (1963) 9, S. 53–57.

Buturovič, I. Ch., Ausgleich der Nummer des Bandes bei seiner Bildung aus Kammzug. Izv. vysšich uč. Zav., Technol. tekstil. Prom. (Hochschulnachr. Technol. Textil-Ind.) (1963) 4, S. 59–68.

Šuleško, I. S., Wege zur Erhöhung der Kardenleistungsfähigkeit. Tekstil. Prom., Moskva (Textil-Ind.) **23** (1963) 9, S. 48–52.

Ivanjušin, S. F., Über den Nutzeffekt bei der Ausnutzung der Kardierfläche der Haupttrommel von Karden. Tekstil. Prom., Moskva (Textil-Ind.) **23** (1963) 9, S. 44–48.

Kiselev, R. M., Untersuchung der Zweckmäßigkeit eines Anbringens von zwei Kardierpaaren unter dem Vorreißer einer Kleinkarde. Izv. vysšich uč. Zav., Technol. tekstil. Prom. (Hochschulnachr., Technol. Textil-Ind.) (1963) 4, S. 69–74.

Taleporovskaja, V. V., u. *Suzdalkin, V. A.*, Über die Breitenungleichmäßigkeit von Wickeln auf Einprozeß-Schlagmaschinen. Izv. vysšich uč. Zav., Technol. tekstil. Prom. (Hochschulnachr., Technol. Textil-Ind.) (1963) 4, S. 51–58.

Spinnerei

Magin, E., Die strukturelle Wandlung der Dreizylinderspinnerei in der Bundesrepublik Deutschland seit 1950. 2. Teil. Textil-Praxis **18** (1963) 10, S. 988–990.

Wegener, W., u. *Peuker, H.*, Das Faserbandspinnverfahren. Teil IV. Einfluß von ein, zwei oder drei Streckenpassagen auf die Garn- und Gewebeungleichmäßigkeit. Z. ges. Textilind. **65** (1963) 10, S. 815–820.

Wickel-zu-Garn in einem Sprung. Textile Ind. **127** (1963) 9, S. 75–76.

Valota, A., Einfluß der gegenseitigen Lage der Organe der Ringspinnmaschine. Ind. textile, Paris (1963) 913, S. 395–400.

Lyclegard, U., u. *Simor, P.*, Das Naßspinnen von Flachs. Spinner, Weber, Textilveredlung **81** (1963) 10, S. 1073–1077.

Gessner, W., Fadenbruchursachen in der Kammgarnspinnerei. Textil-Praxis **18** (1963) 10, S. 932–936.

Jabłoński, W., u. *Jackowski, T.*, Neue Fließstraßen im Prozeß des Verspinnens von Baumwolle. Technik włókienn. (Textiltechnik) **12** (1963) 8, S. 192–197.

Neue Technologien in den Spinnereien für gekämmte Baumwolle zur Verbesserung der Fadenqualität. Ind. textilă. Bucureşti **14** (1963) 10, S. 448 bis 450.

Ustuchin, I. I., Analyse der für die Spinnmaschinen P 114 S und P 83 S zur Anwendung kommenden Kötzer für die Erzeugung von Schußgarnen für mechanische Webstühle. Inform. Přehled Výzkumný Úst. Vlnařský, Brno (Inform. Übers. Wollforsch.-Inst.) **13** (1963) 5, S. 156–166.

Smelkova, A. I., Die Wahl der Ökonomik der zweckmäßigen Kötzer, welche auf Ringspinnmaschinen in Streichgarnspinnereien bei der Herstellung von Kett- und Schußgarnen für automatische Webstühle erzeugt werden. Inform. Přehled. Výzkumný Úst. Vlnařský, Brno (Inform. Übers. Wollforsch.-Inst.) **13** (1963) 5, S. 143–155.

Šmelkova, A. I., u. *Chruščev, G. G.*, Die Bestimmung der ökonomischen Zweckmäßigkeit der Einführung großer Spulen auf den Spinnmaschinen der Kammgarnspinnereien. Inform. Přehled. Výzkumný Úst. Vlnařský, Brno (Inform. Übers. Wollforsch.-Inst.) **13** (1963) 5, S. 167–184.

Gescheidt, E., Gleichzeitige Überwachung der Leistungen und Ausnützung von Feinspinnmaschinen. Textil, Praha **18** (1963) 10, S. 363–365.

Popov, S. G., u. *Jakovlev, L. S.*, Über den Längszug des Fadens durch einen Luftstrahl. Tekstil. Prom., Moskva (Textil-Ind.) **23** (1963) 9, S. 82–87.

Fiori, L. A., u. *Louis, G. L.*, Voraussage der Fadenbrüche. Textile Ind. **127** (1963) 10, S. 67–72.

Lünenschloß, J., u. *Schnaidt, K.*, Die Untersuchung des Zusammenhangs zwischen elektrostatischer Aufladung und der Wickelneigung an den Zylindern der Ringspinnmaschine. Melliand Textilber. **44** (1963) 11, S. 1185–1186.

Erzeugnisse der Spinnerei

Peuker, H., Die Faserverteilung in Mischgarnen. Chemiefasern **13** (1963) 10, S. 788–791.

Breny, H., u. *Monfort, F.*, Bewertung der Variationskomponenten bei der Herstellung von Garnen. Ann. sci. Textiles belges (1963) 3, S. 24–34.

Ammacher, G., u. *Bathelt, St.*, Mischungsschwankungen in Kammgarnmischgespinsten. Melliand Textilber. **44** (1963) 11, S. 1192–1194.

Gruoner, S., Gespinstunsauberkeiten und das Problem der Reinigung. Melliand Textilber. **44** (1963) 11, S. 1194–1196.

Elektronische Reinigung von Textilgarnen. Melliand Textilber. **44** (1963) 11, S. 1292–1294.

IV. Materialvorbereitung. Textile Verbundstoffe

Materialvorbereitung

Spulerei, Facherei

Melzer, J., Entwicklungen von nichtblutenden Farbstoffen für Textilhülsen. Textil, Praha **18** (1963) 10, S. 380.

Gorickij, S. G., Über die Erhöhung der Umspulgeschwindigkeit und die Verringerung der Fadenbruchhäufigkeit von Baumwollkettgarn. Tekstil. Prom., Moskva (Textil-Ind.) **23** (1963) 8, S. 52–55.

Zwirnerei

Mehnert, G., Bestimmung der Anteile von Grund-, Effekt- und Kreuzfaden bei Effektzwirnen. Melliand Textilber. **44** (1963) 11, S. 1203–1207.

Texturfadenherstellung

Golovnja, V. D., Herstellung von Hochbausch-Maschengarnen. Izv. vysšich uč. Zav., Technol. tekstil. Prom. (Hochschulnachr., Technol. Textil-Ind.) (1963) 4, S. 22–28.

Wegener, W., u. *Jammers, H. Ch.*, Einstellung der Falschdrahtzwirnmaschine und Eigenschaften der Kräuselgarne. II. Chemiefasern **13** (1963) 11, S. 863–869.

Schärerei, Zettelei, Schlichterei

Mil'man, A. J., u. *Charkin, V. P.*, Einige Fragen zum Abwinden der Fäden von der Schärwalze. Izv. vysšich uč. Zav. Technol. tekstil. Prom. (Hochschulnachr., Technol. Textil-Ind.) (1963) 4, S. 82–89.

Jariš, G. I., Berechnung des Schärens von Garn bei Verwendung des Spulengatters S-608. Tekstil. Prom., Moskva (Textil-Ind.) **23** (1963) 9, S. 62 bis 64.

Arzuragor, A. A., u. *Veselova, N. D.*, Einsatz von Polyacrylamid für das Schlichten von Wollketten. Tekstil. Prom., Moskva (Textil-Ind.) **23** (1963) 8, S. 55–56.

Textile Verbundstoffe

Ustinova, E. T., u. *Vojuckij, S. S.*, Probleme der Technologie von ungewebten Textilien, die durch Kleben von Fasersystemen hergestellt werden. Tekstil. Prom., Moskva (Textil-Ind.) **23** (1963) 9, S. 3–10.

Perepelkina, M. D., *Gubina, R. S.*, u. *Križanovskij, K. I.*, Über das Sortiment von nichtgewebten Materialien. Tekstil. Prom., Moskva (Textil-Ind.) **23** (1963) 9, S. 15–19.

Karparičene, V., u. *Rešeljauskas, G.*, Produktion von halbwollenen nichtgewebten Materialien für Oberbekleidung. Tekstil. Prom., Moskva (Textil-Ind.) **23** (1963) 9, S. 19–23.

Orečenko, N. G., *Krarkova, I. A.*, u. *Parlov, S. A.*, Mikrostruktur von nichtgewebten Faser-Filmsystemen und Einfluß der technologischen Verfahren auf diese. Tekstil. Prom., Moskva (Textil-Ind.) **23** (1963) 9, S. 27–30.

Orečenko, N. G., *Dmitrušina, Z. T.*, *Barkova, L. V.*, u. *Parlov, S. A.*, Die Abhängigkeit der physikalisch-mechanischen Eigenschaften der nichtgewebten Faser-Filmsysteme von der Faserlänge und der Bindemittelmenge. Tekstil. Prom., Moskva (Textil-Ind.) **23** (1963) 9, S. 30–33.

Fodor, I., Versuche und Fabrikation der Filtertextilien mit der Technologie der ungewebten Textilien. Magyar Textiltechn. **15** (1963) 10, S. 478–480.

V. Weberei

Vašetko, E. N., u. *Zacharova, Z. V.*, Der Einfluß der Arbeitsweise der Knotenbildner auf die Überschneidung von Ketten. Tekstil. Prom., Moskva (Textil-Ind.) **23** (1963) 8, S. 50–51.

Kessels, K., Neue Wege und Methoden des innerbetrieblichen Warendurchlaufs in der Bandindustrie. Textil-Praxis **18** (1963) 10, S. 952–954.

Karokin, S. G., Über die Abfälle in der schützenlosen Weberei. Tekstil. Prom., Moskva (Textil-Ind.) **23** (1963) 8, S. 48–50.

Lejtes, L. G., Notwendigkeit einer Berechnung des gegenseitigen Drucks der Fäden bei der Konstruierung von Geweben. Tekstil. Prom., Moskva (Textil-Ind.) **23** (1963) 8, S. 44–48.

Riesnert, W., Gewebefehler, die in der Weberei entstehen — Ursache und Verhütung. Teil 8. Textil-Praxis **18** (1963) 10, S. 942–947.

Akimov, T. S., *Berkovič, N. J.*, u. *Ljubimov, V. A.*, Die Anwendung von großen Schußspulen in der Wollweberei. Inform. Přehled. Výzkumný Úst. Vlnařský, Brno (Inform. Übers. Wollforsch.-Inst.) **13** (1963), 5, S. 186–202.

Volkov, P. V., Über die Gleichmäßigkeit der Kettfadenanordnung auf der Webmaschine und im Gewebe. Izv. vysšich uč. Zav., Technol. tekstil. Prom. (Hochschulnachr., Technol. Textil-Ind.) (1963) 4, S. 75–81.

Alpár, B., Schwingungstechnische Analyse des Schusses. Magyar Textiltechn. **15** (1963) 9, S. 393–399; 10, S. 454–458.

Tret'jakova, N. J., u. *Poletaeva, G. B.*, Der Einfluß von neuen Verfahren für das Einlegen der Schußfäden auf die Qualität der zu schaffenden Gewebe. Tekstil. Prom., Moskva (Textil-Ind.) **23** (1963) 9, S. 69–73.

Častij, O. F., Bindung der Randfäden von Jacquardgeweben. Tekstil. Prom., Moskva (Textil-Ind.) **23** (1963) 10, S. 75–76.

Gee, N. C., Übliche Webfehler in Streichgarn- und Kammgarngeweben. Textile Manuf. **89** (1963) 1067, S. 460–462.

Alvsaker, Johan, Gewebte Stretch-Stoffe aus Wolle, Baumwolle und Kunstfaser. Norsk Tekstiltid. **44** (1963) 9, S. 372–382 (9 S.).

Verbesserte Farbenhaltbarkeit britischer Teppiche. Textil-Rdsch., St. Gallen **18** (1963) 10, S. 556.

VI. Wirkerei. Strickerei. Konfektionstechnik. Sonstige Technologien

Wirkerei. Strickerei. Konfektionstechnik

Kettengewirkte Hemdenstoffe aus Nylon. Hosiery Times **36** (1963) 414, S. 53, 54, 58.

Möglichkeiten des rationellen Wendens von Strumpfwaren. Wirk.- u. Strick.-Technik **13** (1963) 11, S. 593–598.

Dalidovič, A. S., Über die Richtungen in der Entwicklung der Technik in der Trikotagenindustrie. Tekstil. Prom., Moskva (Textil-Ind.) **23** (1963) 8, S. 58–61.

Šalov, I. I., Die hauptsächlichen Eigenschaften von Kunstpelz auf Trikotagengrundlage. Tekstil. Prom., Moskva (Textil-Ind.) **23** (1963) 8, S. 62–67.
Gontarenko, A. N., Über die Auswahl der Faserlänge bei der Herstellung von Kunstpelz. Tekstil. Prom., Moskva (Textil-Ind.) **23** (1963) 8, S. 56 bis 58.

Wirkerei

Doppeljerseystoff – der Haupteinfluß von Crimplene. Textile J. Australia **38** (1963) 8, S. 933, 935, 937.

Strickerei

Medvedev, M. F., Neues in der Technologie zur Herstellung von buntgestrickten Socken. Tekstil. Prom., Moskva (Textil-Ind.) **23** (1963) 9, S. 67–69.
Verbesserte Sammel-, Prüf-, Wende- und Ablegeanlage für Damenstrümpfe. Wirk.- u. Strick.-Technik **13** (1963) 11, S. 588.

Konfektionstechnik

Zagajnov, I. V., Methode zur Kontrolle des Verbrauchs von Trikotstoff beim Zuschneiden. Tekstil. Prom., Moskva (Textil-Ind.) **23** (1963) 9, S. 65–67.
Moser, G., Abnäher, die den Anforderungen der Dessinateure gerecht werden. Hosiery Times **36** (1963) 414, S. 67, 68, 87.
Feischle, F. W., Welche Faktoren beeinflussen die Dehnfähigkeit der Kettelnaht. Wirk.- u. Strick.-Technik **13** (1963) 11, S. 570–573.
Faltenwurf der Naht – warum immer den Faden dafür verantwortlich machen? Hosiery Trade J. **70** (1963) 839, S. 140–141.
Warum wir Socken zusammennähen. Hosiery Trade J. **70** (1963) 839, S. 132–134.
Gref, R., Einbügelstoffe – ihre Entwicklung, Herstellung, Anwendung und Bedeutung. Melliand Textilber. **44** (1963) 10, S. 1138–1142.
Mechanische Beanspruchung der Nähmaschinennadel während des Nähprozesses. Bekleid. u. Wäsche **15** (1963) 10, S. 902, 904, 906, 908–909, 911–912.

Sonstige Technologien

(Flechterei, Klöppelei usw., Seilerei)

Stajniak, K., Struktur und Herstellung von knotenlosen Fischnetzen. Technik włókienn. (Textiltechn.) **12** (1963) 8, S. 203–206.

VII. Textilveredlung

Dierkes, G., Probleme der Textilveredlung im Spiegel der internationalen Fachliteratur. Z. ges. Textilind. **65** (1963) 10, S. 829–832.
Glenz, O., u. *Kassack, F.*, Hochpolymere in der modernen Textilveredlung. Melliand Textilber. **44** (1963) 10, S. 1126–1134.
Moroff, H., Synthesefasern und Acrylharze. Melliand Textilber. **44** (1963) 10, S. 1115.
Müller, C. E., Abwärmerückgewinnung aus heißen Wasch- und Farbflotten in Bleichereien und Färbereien. Textil-Praxis **18** (1963) 10, S. 986, 987.
Drougas, J., *Faris, B. F.*, u. *Pearson, R. A.*, Färben und Ausrüsten von Geweben, die die Spandex-Faser Lycra enthalten. Amer. Dyestuff Rep. **52** (1963) 19, S. 57 (P 723)–58 (P 724).
Creegan, H. F., Welche neuen Maschinen zum Färben, Ausrüsten und Verarbeiten sind zu erwarten?. Amer. Dyestuff Rep. **52** (1963) 19, S. 53 (P 719)–56 (P 722).
Smolens, H. G., Cl_2 bei scharfen Waschbehandlungen. Textile Ind. **127** (1963) 9, S. 115, 117.
Die Faser Z 54 „Polynosic". III. Melliand Textilber. **44** (1963) 11, S. 1248.
Dorset, B. C. M., Neuentwicklungen bei Farbstoffen und Färbeverfahren. Textile Manuf. **89** (1963) 1067, S. 479–484.

Farbstoffe. Textilhilfsmittel

Gehrt, H. H., Farbstoffe für Beschichtungen. Melliand Textilber. **44** (1963) 10, S. 1119–1122.
Pützstück, H., Lagerung und Dosierung von Farbstoffen und Chemikalien in Färbereibetrieben. Melliand Textilber. **44** (1963) 10, S. 1124–1126.
Egorov, N. V., *Sokolova, N. A.*, u. *Černomordik, A. Z.*, Die Erfahrung beim Einsatz des Präparats Karbazon 0. Tekstil. Prom., Moskva (Textil-Ind.) **23** (1963) 8, S. 74–76.
Linke, F., u. *Seidel, H.*, Polyvinylacetat und Polyvinylalkohol, ein Beispiel für die Anwendung von Polymeren in der Textilindustrie. Melliand Textilber. **44** (1963) 10, S. 1134–1138.
Neveling, V., u. *Rösch, C.*, Zur Verwendung des Natriumchlorits in der Textilindustrie. Teil III. Textil-Praxis **18** (1963) 10, S. 963–966.
Vail, S. L., *Moran, C. M.*, u. *Reid, J. D.*, Neue Triazone für „wash-and-wear"-Ausrüstungen von Baumwolle. Amer. Dyestuff Rep. **52** (1963) 19, S. 45 (712–46 (713).
Kunststoffpasten-Herstellung für Beschichtungszwecke durch Mischen unter Vakuum. Melliand Textilber. **44** (1963) 10, S. 1123.
Trockenschmier- und Gleitmittel auf Tetrafluoräthylen-Basis. Melliand Textilber. **44** (1963) 10, S. 1166.
Sidneva, K. M., *Eremina, O. I.*, *Bojno-Rodzevic, V. P.*, u. *Plencova, S. A.*, Neue Farbstoffe für das Färben von Wolle. Tekstil. Prom., Moskva (Textil-Ind.) **23** (1963) 10, S. 18–21.
Kaufmann, G., Neuartige Kondensationsfarbstoffe auf vegetabilischen Fasern. Melliand Textilber. **44** (1963) 11, S. 1245–1246.
Haque, R., u. *Malik, W. U.*, Eine spektrophotometrische Untersuchung der Wechselwirkung von oberflächenaktiven Substanzen mit Farbstoffen. J. physic. Chem. **67** (1963) 10, S. 2082–2084.
Speackman, J. B., Die chemischen Ausrüstungsmittel für Wolle. Ind. textile. Paris (1963) 917, S. 782–786.
McCartney, J., Neuentwickelte Kunstharze. Dyer. Textile Printer, Bleacher, Finisher **130** (1963) 9, S. 653–655.
Fröhlich, H. G., Polyphosphate – eine wichtige Gruppe von Textilchemikalien. SVF Fachorgan Textilveredl., Basel **18** (1963) 10, S. 622–631.

Färberei

von der Eltz, H.-U., Ökonomisches Färben mit Remazol-Farbstoffen. Z. ges. Textilind. **65** (1963) 10, S. 833–836.
Gaick, W., Das Färben von „Vestan" mit Dispersionsfarbstoffen. Melliand Textilber. **44** (1963) 10, S. 1116–1119.
Masero, L., *Schneider, F.*, *Locke, R.*, u. *Kraan, E. C. K.*, Wärmeentwicklung von löslichen Küpenfarbstoffen beim Färben von Baumwoll- und Polyester-Baumwoll-Stückware. Amer. Dyestuff Rep. **52** (1963) 19, S. 43 (710)–45 (712).
Youngblood, J. M., Garnfärben im Packsystem mit Schwefelfarbstoffen. Amer. Dyestuff Rep. **52** (1963) 20, S. 36 (P 760).
Linsenmann, P., Das Auftreten nicht ausgereifter und toter Baumwolle in der Garnfärberei. Textil-Praxis **18** (1963) 10, S. 972–973.
Färbung von Nylonseide für Teppiche. Man-made Textiles **40** (1963) 472, S. 87, 89.
Cuthbertson, G. R., Eine neue im Stück zu färbende Polypropylen-Teppichfaser. Teil I. Polypropylen als Teppichfaser. Mod. Textiles Mag. **44** (1963) 9, S. 89–90.
Farber, M., *Miller, R.*, u. *Loveless, F. C.*, Eine neue im Stück zu färbende Polypropylen-Teppichfaser. Teil II. Färberische Eigenschaften. Mod. Textiles Mag. **44** (1963) 9, S. 90–93.
Truslow, N. A., Eine neue im Stück zu färbende Polyproylen-Teppichfaser. Teil III. Teppicheigenschaften. Mod. Textiles Mag. **44** (1963) 9, S. 93–96.
Instrumentelle Musterfärbe-Voraussage. Dyer. Textile Printer, Blaecher, Finisher **130** (1963) 10, S. 745, 747, 749.
Davidovits, J., Lineare Polymere. Theoretische Untersuchung der Anfärbbarkeit. Teintex, Paris **28** (1963) 11, S. 853, 855, 856, 859, 861, 862, 865, 867.
Mosimann, W., Das Cibaphasol-Verfahren, ein kontinuierliches Färbeverfahren für Wolle mit einem wäßrigen Zweiphasensystem. SVF Fachorgan Textilveredl., Basel **18** (1963) 10, S. 632–636.
Casty, R., Wollkontinuefärberei und Wollschonung. Das Cibaphasol-Verfahren heute. Textil-Rdsch., St. Gallen **18** (1963) 10, S. 538–546.
Abozin, V. G., *Romanova, M. G.*, *Bloch, N. V.*, u. *Grebenkina, L. G.*, Kinetische Untersuchung des Färbeprozesses von Cellulosefasern mit Küpenfarbstoffen bei unterschiedlicher Alkalinität der Farbflotte. Izv. vysšich uč. Zav., Technol. tekstil. Prom. (Hochschulnachr. Technol. Textil-Ind.) (1963) 4, S. 108–115.
Smirnova, L. G., u. *Odincova, T. S.*, Färben von Viskose-Trikotstoff mit Reaktivfarbstoffen. Tekstil. Prom., Moskva (Textil-Ind.) **23** (1963) 10, S. 28–32.
Vilenskaja, B. M., u. *Korčagin, M. V.*, Farbstoffabsorption beim Foulardieren im Prozeß des Kontinuefärbens von Kaprongewebe. Tekstil. Prom., Moskva (Textil-Ind.) **23** (1963) 10, S. 8–13.
Weckler, G., Über Schwierigkeiten beim Färben von Polyamidfasern mit Säurefarbstoffen und deren Behebung durch Verwendung von Lanaperl-Farbstoffen und Paraperl S. Melliand Textilber. **44** (1963) 11, S. 1239–1244.
Gift, H. C., Das Färben von Polyamidfasern mit neutralen Säure-Farbstoffen. Chemiefasern **13** (1963) 11, S. 873.
Kern, R., u. *Kern, W.*, Kontinuierliche Färbeverfahren für Sicherheitsgurte aus Polyester- bzw. synthetischen Polyamidfasern. SVF Fachorgan Textilveredl., Basel **18** (1963) 10, S. 637–640.
Denton, M. J., Strömungsbilder in der Garnkörperfärberei. J. Textile Inst. **54** (1963) 10, S. T406–T408.
Stump, W., Färben von Chemstrand's texturiertem Endlosgarn für den Einsatz in Teppichen. Mod. Textiles Mag. **44** (1963) 10, S. 57–60.
Panjukin, I. I., *Lisogorskaja, A. S.*, u. *Beljakova, V. I.*, Färben von Kunstpelz auf Trikotagengrundlage mit Küpenfarbstoffen. Textil. Prom., Moskva (Textil-Ind.) **23** (1963) 10, S. 32–35.

Druckerei

Zeman, O., Die Reproduktionstechnik im Textildruck. Melliand Textilber. **44** (1963) 11, S. 1248–1251.
Wie erfolgt das Drucken eines Heizelements. Skinner's Rec. **37** (1963) 11, S. 965–966.

Ausrüstung. Trocknung

Vonberg, H., Möglichkeiten zur Feuchtigkeitsanreicherung bei der Ausrüstung von Wollstoffen. Textil-Praxis **18** (1963) 10, S. 970–972.
Asquith, R. S., Das Wollcarbonisationsverfahren. Textile Rec. **81** (1963) 968, S. 94–96, 100.
Frieser, E. P., Über das Bleichen in der Textilindustrie. I. Spinner, Weber, Textilveredlung **81** (1963) 10, S. 1092–1096.
Grünewald, W., Prägung von Plastikbahnen. Melliand Textilber. **44** (1963) 10, S. 1145–1147.
Schaffner, H., Gleichzeitig flammfeste und wasserabstoßende Ausrüstung. Z. ges. Textilind. **65** (1963) 10, S. 849–850.
Schwenkedel, S., Schaumstoffe und neuere Appreturen in der Textilveredlung. Textil-Praxis **18** (1963) 10, S. 974–977.
Friedrich, H., u. *Wenig, M.*, Natürlicher und synthetischer Latex als Rückenappretur in der Teppichindustrie. Melliand Textilber. **44** (1963) 10, S. 1148–1152.
Betrachtungen über das Ausrüsten textiler Fußbodenbeläge. Z. ges. Textilind. **65** (1963) 10, S. 837–838.
Döttinger, K., Vergleichende Untersuchungen über den Trocknungsvorgang bei Strickstoffen aus Woll-, Vollsynthetic- und Mischgarn-Qualitäten. Wirk.- u. Strick.-Technik **13** (1963) 10, S. 534–536.
Smolens, H. G., Der transportable Bleichkessel. Textile Ind. **127** (1963) 10, S. 127–128.
Bel'cov, V. M., *Charcharov, A. A.*, *Eremeeva, R. F.*, *Anan'eva, E. B.*, u. *Vasil'eva, M. I.*, Bleichen von Baumwollfäden und Fadenerzeugnissen mit Natriumchlorit. Tekstil. Prom., Moskva (Textil-Ind.) **23** (1963) 9, S. 70 bis 73.
Novoradovskaja, G. S., u. *Sadov, F. I.*, Bleichen von Fasern aus Polyvinylalkohol mit Natriumchlorit. Tekstil. Prom., Moskva (Textil-Ind.) **23** (1963) 10, S. 14–18.
Neue Textilausrüstungen im Shirley-Institut entwickelt. Dyer, Textile Printer, Bleacher, Finisher **130** (1963) 10, S. 759–760.
Ausrüstung von Acrilan/Kammgarngeweben nach dem Chommax-Ausrüstungsverfahren. Man-made Textiles **40** (1963) 473, S. 57–62.
Ivanov, A. F., Verwendung von Polyacrylamid für das Appretieren von Wäschegeweben. Tekstil. Prom. Moskva (Textil-Ind.) **23** (1963) 10, S. 22 bis 23.
Edenek, R., Über das nichtgewebte Material Arachne und seine Verbesserung. Tekstil. Prom., Moskva (Textil-Ind.) **23** (1963) 9, S. 33–36.
Muchamedžanov, G., u. *Palladov, S. S.*, Ausrüstung von nichtgewebten Nähwirkmaterialien. Tekstil. Prom., Moskva (Textil-Ind.) **23** (1963) 9, S. 25–27.
Hastings, A., Thermofixierung reinwollener Stoffe. Hosiery Times **36** (1963) 414, S. 57–58.

Livšic, R. M., *Tokar', E. G.*, *Domiteeva, I. A.*, u. *Rogovin, Z. A.*, Untersuchung der Möglichkeit einer Modifizierung der Eigenschaften von Geweben aus Viskosestapelfasern mittels Aufpfropfung von Polyacrylnitril. Izv. vysšich uč. Zav., Technol. tekstil. Prom. (Hochschulnachr., Technol. Textil-Ind.) (1963) 4, S. 95–98.
Rusznák, I., *Sármány, J.*, u. *Weiszburg, J.*, Einzelne Anomalien der Foulard-Ausrüstung. Magyar Textiltechn. 15 (1963) 10, S. 458–461.
Das Dämpfen synthetischer Garne. Wirk.- u. Strick.-Techn. 13 (1963) 11, S. 589–591.
Solov'ev, N. P., *Vol'man, M. S.*, u. *Filippova, V. V.*, Aggregat für die Knitterarmausrüstung von Geweben. Tekstil. Prom., Moskva (Textil-Ind.) 23 (1963) 10, S. 26–28.
Permanente Feuerhemmung. Mod. Textiles Mag. 44 (1963) 10, S. 18, 71.
Eine dauerhafte antistatische Ausrüstung. Mod. Textiles Mag. 44 (1963) 10, S. 22, 26.
Cednäs, M., Waschbare Gewebe und Trikotwaren aus Wolle, Antifilz- und Fixierungsbehandlung. Norsk Tekstilid. 44 (1963) 9, S. 384–393. (6 S.)
Tendler, V. M., Untersuchung von Imprägnierungsvorgängen bei der Herstellung von Erzeugnissen aus mit Glasfasern verstärkten Plasten. Plastičeskie Massy, Moskva (Plast. Massen) (1963) 10, S. 24–30.
Schmidt, P., Die Beschichtung von Textilien mit PVC-Schaumstoffen. Melliand Textilber. 44 (1963) 11, S. 1251–1257.
Locker eingestelltes Gewebe verleiht flächenförmigen Plasterzeugnissen Festigkeit. Skinner's Rec. 37 (1963) 11, S. 967–968.
Moffitt, S. A., Wie schränkt man Fehler auf dem Gebiete der Beschichtung und Laminierung ein? Textile Ind. 127 (1963) 10, S. 114, 115, 118, 121, 123, 124, 138.
Woodward, W. F., Moderne Verfahren im Gewebeschauraum. Textile Ind. 127 (1963) 10, S. 53–58.
Solov'ev, A. N., Beschau von Erzeugnissen hinsichtlich fehlerfreier Auswahl. Izv. vysšich uč. Zav., Technol. tekstil. Prom. (Hochschulnachr., Technol. Textil-Ind.) (1963) 4, S. 12–16.
Schnell, W., Trocknungstechnik, VDI-Z. 105 (1963) 29, S. 1359–1368.
Chranilov, P. I., Beurteilung der Rentabilität von Trockenapparaten. Izv. vysšich uč. Zav., Technol. tekstil. Prom. (Hochschulnachr., Technol. Textil-Ind.) (1963) 4, S. 116–121.

Wäscherei. Chemische Reinigung

Kurz, J., Über die Wirkungsweise der Tenside. Wäschereitechnik u. -chemie 16 (1963) 11, S. 818–826.
Das Gütezeichen aus betrieblicher Sicht. Wäschereitechnik u. -chemie 16 (1963) 11, S. 786–792.
Wunderlich, K., Neuzeitliche Chemischreinigungsverfahren. SVF Fachorgan Textilveredlung., Basel 18 (1963) 10, S. 643–651.
Riel, F., Erfahrungen mit dem Hosenformer. Wäscherei 10 (1963) 11, S. 331 bis 333.

VIII. Werkstoffprüfung. Meß- und Prüftechnik Standardisierung

Schefer, W., Fortschritte im Nachweis mechanischer Schäden an Wolle. Textil-Rdsch., St. Gallen 18 (1963) 10, S. 546–550.

Eigenschaften und Fehler der Textilmaterialien u. a.

Semak, B. D., Die Lichtbeständigkeit von Sommerkleiderstoffen aus Chemiefasern. Tekstil. Prom., Moskva (Textil-Ind.) 23 (1963) 8, S. 76–81.
Beninate, J. V., *Kelly, E. L.*, u. *Drake jr., G. L.*, Einfluß der Faserquellfähigkeit in ausgewählten Geweben auf die Naßverschmutzung und Leichtigkeit der Schmutzbeseitigung. Amer. Dyestuff Rep. 52 (1963) 20, S. 26 (752)–30 (756).
Beder, N. M., u. *Pakšver, A. B.*, Einfluß der Eigenschaften des Polymerisates auf die physikalisch-mechanischen Eigenschaften der Polyacrylnitrilfaser. Chim. Volokna (Chem. Fasern) 5 (1963) 5, S. 9–12.
Faerman, V. T., Über die Natur von Impuls-Ultraschall-Einwirkungen auf Viskose- und Acetatfasern. Chim. Volokna (Chem. Fasern) 5 (1963) 5, S. 59–64.
McCann, G. McD., u. *Sturley, C. H.*, Eigenschaften von Polyamid-6,6-Falschdrahtgarnen und den daraus hergestellten Maschenwaren. J. Textile Inst. 54 (1963) 10, S. T393–T405.
Nemčenko, É. A., u. *Denisenko, N. V.*, Studium der Dauerbiegefestigkeit von Cord. Chim. Volokna (Chem. Fasern) 5 (1963) 5, S. 55–59.
Kempton, A. G., *Rogers, M. R.*, u. *Kaplan, A. M.*, Verhalten von mit Methylolmelamin behandelter Baumwolle unter umweltbedingtem Angriff. Amer. Dyestuff Rep. 52 (1963) 20, S. 19 (745)–25 (751.)
Robinet, M., u. *Bielen, R.*, Dynamometrische Festigkeit und Alkalilöslichkeit. Ann. sci. Textiles belges (1963) 3, S. 7–23.
Moll, E., Verwendung von Rangkorrelationen für die Beurteilung der Qualität von Erzeugnissen und der Regelmäßigkeit der technologischen Prozesse. Technik włókienn. (Textiltechnik) 12 (1963) 8, S. 185–191.
Pugačevskij, G. F., Untersuchung der mechanischen Eigenschaften von Hemdenstoffen. Izv. vysšich uč. Zav. Technol. tekstil. Prom. (Hochschulnachr., Technol. Textil-Ind.) (1963) 4, S. 29–33.
Chelaru, J., u. *Nechiforescu, V.*, Physikalische und mechanische Kenndaten der einheimischen feinen und halbfeinen Wolle. Ind. textilă, Bucureşti 14 (1963) 10, S. 441–443.
Krasnoborod'ko, A. E., Die hauptsächlichen physikalisch-mechanischen Eigenschaften von maschinell hergestellten Teppicherzeugnissen. Izv. vysšich uč. Zav., Technol. tekstil. Prom. (Hochschulnachr., Technol. Textil-Ind.) (1963) 4, S. 90–94.
Zurek, W., Abhängigkeit zwischen der Faseranzahl im Garnquerschnitt und der Faserlängenzusammensetzung. Przegl. włókienn. (Textil-Rdsch.) 17 (1963) 9, S. 294–297.
Mel'nikov, B. N., u. *Kotova, I. B.*, Der Einfluß einiger organischer Lösungsmittel auf das Quellen der Viskosefaser im Prozeß ihres Färbens. Ivz. vysšich uč. Zav. Technol. tekstil. Prom. (Hochschulnachr., Technol. Textil-Ind.) (1963) 4, S. 103–107.
Gordeev, V. A., u. *Kulikova, N. A.*, Untersuchung der elastischen Eigenschaften von Textilien unter den Bedingungen kurz andauernder Deformierungen. Izv. vysšich. uč. Zav., Technol. tekstil. Prom. (Hochschulnachr., Technol. Textil-Ind.) (1963) 4, S. 8–11.
Chylewska, B., u. *Jackowski, T.*, Der Einfluß eines mehrfachen Bandverzuges und der Anzahl der Verdichter im Flyerstreckwerk auf die Haftfähigkeit der Fasern und die Haarigkeit von Garn aus Kuralonfasern. Przgl. włókienn. (Textil-Rdsch.) 17 (1963) 9, S. 307–309.

Meß- und Prüftechnik

Borucki, L., Das DIGIZET-System — Digitalgeräte für Betriebsmessungen. Z. Instrumentenkde. 71 (1963) 11, S. 292–296.
Straumann, R., Einfluß der Sedimentation auf die Filtration. Chemie-Ing.-Technik 35 (1963) 10, S. 715–720.
Schumann, W., Untersuchungen zur elektrostatischen Aufladung fester Körper. Plaste u. Kautschuk 10 (1963) 9, S. 526–531; 10, S. 590–593; 11, S. 654–659.
Kehren, M., Prüfverfahren für die biologische Abbaubarkeit von anionaktiven Detergentien. Z. ges. Textilind. 65 (1963) 10, S. 845–849.
Boldt, P., u. *Lackner, H.*, Neuartiger Redoxtitrations-Automat. Chemie-Ing.-Technik 35 (1963) 10, S. 707–709.
Schwarzkopf, H.-E., Austestung grenzflächenaktiver Stoffe in wäschereitechnischer und hygienischer Sicht. Wäscherei 10 (1963) 11, S. 326–330.
Kopsic, T., Chemische und physikalische Untersuchungen an Wollen der Provinz Buenos Aires. Z. ges. Textilind. 65 (1963) 10, S. 823–825.
Ševčenko, A. A., Zur Ausführung der Bestimmung der Dauerfestigkeit und Kriechbarkeit von mit Glasfasern verstärkten Plasten in einem agressiven Medium. Zavodsk. Labor., Moskva (Betriebslabor) 29 (1963) 10, S. 1249.
Beljankin, F. P., u. *Dybenko, G. I.*, Einfluß der Deformations- und der Belastungsgeschwindigkeit auf die Festigkeit von geschichteten Plasten bei Proben von verschiedenen Dimensionen. Zavodsk. Labor., Moskva (Betriebslabor) 29 (1963) 10, S. 1235–1240.
Berštejn, V. A., u. *Glikman, L. A.*, Über den Einfluß der Art des Spannungszustandes auf die zeitliche Festigkeitsabhängigkeit von mit Glasfasern verstärkten Polyesterplasten. Zavodsk. Labor., Moskva (Betriebslabor) 29 (1963) 10, S. 1230–1235.
Juilfs, J., Zur Größe der Vorspannkraft beim Zugversuch an Garnen und Zwirnen. Z. ges. Textilind. 65 (1963) 10, S. 821–822.
Jacob, J.-M., Bestimmung der einfachen Drehungen und der optimalen Zwirnungen für Kammgarne 2×27,8 tex (Nm 2/36) für die Strumpfwirkerei. Ann. sci. Textiles belges (1963) 3, S. 35–67.
Liebold, R., Die Bestimmung des Elastizitätsmoduls mit dem Doppelpendelverfahren. Exper. Technik, Physik 11 (1963) 5, S. 353–359.
Kuanyšev, K. G., *Gul', V. E.*, u. *Dogadkin, B. A.*, Vorrichtung für die Bestimmung der Kriechbarkeit bei zyklischen Belastungen. Zavodsk. Labor., Moskva (Betriebslabor) 29 (1963) 9, S. 1138–1139.
Baušis, I. P., Vorrichtung für die Untersuchung der Relaxation von Spannungen. Zavodsk. Labor., Moskva (Betriebslabor) 29 (1963) 9, S. 1136 bis 1137.
Bočarov, V. G., u. *Zaporožec, N. J.*, Neue Methode zur Bestimmung der Farbstoffkonzentration auf dem Gewebe nach den Reflexionsspektren. Tekstil. Prom., Moskva (Textil-Ind.) 23 (1963) 10, S. 23–26.
Lassé, R., Mikroskopische Untersuchungen von Markkanälen. Markinseln und vom Pigment der Wolle. Textil-Rdsch., St. Gallen 18 (1963) 10, S. 530 bis 538.
Sherwood, P. W., Fortschritte und verbleibende Probleme auf dem Gebiete der Kontrolle der statischen Elektrizität bei Textilien. Textile Manuf. 89 (1963) 1067, S. 487–488.
Guzeev, V. V., u. *Malinskij, Ju. M.*, Relaxometer für Fasern. Zavodsk. Labor., Moskwa (Betriebslabor) 29 (1963) 11, S. 1373–1374.
Bartels, U., u. *Hoyme, H.*, Zur Reinheitskontrolle von Natrium-Allylsulfonat und seiner Bestimmung neben anderen monomeren Acrylverbindungen. 4. Mitt. zur Analytik der Polyacrylnitrilfasern. Faserforsch. u. Textiltechnik. 14 (1963) 12, S. 547–548.
Gillert, H., u. *Neumann, P.*, Einige Modelle für Lebensdauerverteilungen und ihre statistische Prüfung. Faserforsch. u. Textiltechnik 14 (1963) 12, S. 530–537.
Suchova, T. A., Methoden zur Prüfung von nichtgewebten Textilien. Tekstil. Prom., Moskva (Textil-Ind.) 23 (1963) 9, S. 10–15.
Einschätzung neuer Textilien für einen besonderen Endverbrauchszweck. Textile J. Australia 38 (1963) 8, S. 911, 913–916, 919, 923.
Laš, L., Beitrag zur Problematik der Bewertung des Wirkungseffektes von Versteifungsmitteln. Textil, Praha 18 (1963) 10, S. 387–389.
Subtirelu, M., Moderne Methoden zur Bestimmung von Fehlern an Spinnereimaschinen. Ind. textilă, Bucureşti 14 (1963) 10, S. 451–456.
Glasionova, T. M., u. *Truevcev, N. I.*, Zur Frage der Kräfte, die auf die Fasern im Garn bei seinem Reißen wirken. Izv. vysšich uč. Zav., Technol. tekstil. Prom. (Hochschulnachr., Technol., Textil-Ind.) (1963) 4, S. 17 bis 21.
Cobert, J. C., Warum Dehnungstest? Textile Ind. 127 (1963) 10, S. 110 bis 112.
Sadykova, F. Ch., Über die Prüfmethodik von Kapron-Kräuselgarn des Typs Elastik. Tekstil. Prom., Moskva (Textil-Ind.) 23 (1963) 10, S. 80–85.
James, J. F. P., Die Dickenschwankung und Bruchbeanspruchung von Wolle. J. Textile Inst. 54 (1963) 10, S. T420–T432.
Hadley, D. W., Die Scheuerfestigkeit von Polyäthylenterephthalat- und Polypropyleneinzelfäden gegenüber feinem indischem Stein (fine india stone). J. Textile Inst. 54 (1963) 10, S. T409–T419.
Torkunova, Z. A., Scheuerprüfungen von Strümpfen und Socken. Tekstil. Prom., Moskva (Textil-Ind.) 23 (1963) 10, S. 77–79.
Riggert, K., *Schlösser, G.*, u. *Schmidt, H. G. E.*, Ein Gerät zur Bestimmung des Hitzeschrumpfverhaltens von synthetischen Fasern. Chemiefasern 13 (1963) 11, S. 856–860.

IX. Betriebstechnik. Ökonomie. Tagungsberichte u. dgl. Sonderfragen

Betriebstechnik

Eisenkolb, W. R., Kunststoffe in der Textilindustrie, ihre Anwendung als Garnträger, Maschinenteile und Transportmittel. Melliand Textilber. 44 (1963) 10, S. 1108–1109.

Ökonomie

Heßland, D., Über die Fertigkeitsüberwachung in der Bekleidungsindustrie. Bekleid. u. Wäsche 15 (1963) 10, S. 864–869.
Sherwood, W., Gute Marktchancen für Textilien aus synthetischen Fasern. Z. ges. Textilind. 65 (1963) 10, S. 825–827.
Bakumenko, T. L., u. *Fichman, V. D.*, Ökonomik der Produktion von PVC-Fasern. Chim. Volokna (Chem. Fasern) (1963) 5, S. 69–71.
Tybor, I. W., Problematik der Organisationsarbeit in der Textilindustrie. Przegl. włókienn. (Textil-Rdsch.) 17 (1963) 10, S. 329–333.
Deutschlands Polyamid-66-Kapazität wächst. British Nylon Spinners planen eine 35-Millionen-Pound-pro-Jahr-Anlage; Deutsche Rhodiaceta und Rottweiler Kunstseide haben neue Projekte. Chem. engng. News 41 (1963) 44, S. 144.

31712

CARRIER 531
CARRIER C
Die Textilhilfsmittel für
PE- und Pe-Ce Fasern
sowie deren Mischgewebe
VEB CHEMISCHES WERK BERLIN-GRÜNAU
BERLIN-GRÜNAU Telefon: 644061 Telegramme: Grünauchemie Berlin

Kolibri 360 GmbH
Ferdinand-Jühlke-Straße 7
99095 Erfurt, Deutschland
produktsicherheit@kolibri360.de